“基于视频图像分析的地铁人群异常行为识别关键技术研究（2017GKTSCX053）”
的资金资助

人群异常行为数字图像处理与分析

刘国成 ◎ 著

西南交通大学出版社
·成 都·

图书在版编目（CIP）数据

人群异常行为数字图像处理与分析 / 刘国成著. —
成都：西南交通大学出版社，2020.1（2021.1 重印）
ISBN 978-7-5643-7246-0

Ⅰ. ①人… Ⅱ. ①刘… Ⅲ. ①视频系统 - 监视控制 - 数字图像处理 - 研究 Ⅳ. ①TN948.65

中国版本图书馆 CIP 数据核字（2019）第 272235 号

Renqun Yichang Xingwei Shuzi Tuxiang Chuli yu Fenxi
人群异常行为数字图像处理与分析
刘国成　著

责任编辑	穆　丰
封面设计	何东琳设计工作室
出版发行	西南交通大学出版社 （四川省成都市金牛区二环路北一段 111 号 西南交通大学创新大厦 21 楼）
发行部电话	028-87600564　028-87600533
邮政编码	610031
网　　址	http://www.xnjdcbs.com
印　　刷	成都勤德印务有限公司
成品尺寸	170 mm × 230 mm
印　　张	13.25
字　　数	251 千
版　　次	2020 年 1 月第 1 版
印　　次	2021 年 1 月第 2 次
书　　号	ISBN 978-7-5643-7246-0
定　　价	78.00 元

前　言

随着我国城市化建设和轨道交通的快速发展，由高铁、普铁、地铁等组成的轨道交通运输网络已成为我国重要的交通运输方式，承担着民众大规模出行的运量。随着民众出行的规模数量和频率次数的高速增长，高密度、超大量的乘客人流潮及其人群不确定行为给轨道交通客流运输及其公共安全带来了极大压力和巨大隐患。值得注意的是近些年来出现的一系列各类型人群异常行为事件（如暴力恐袭、纵火吸烟、阻挡车门、旅客霸坐、打架斗殴等），引发了社会的不安和激烈讨论，以及政府对轨道交通运输行业公共安全的高度关注。尤其是在高密集人流的情况下，如果发生此类事件，若不能及时发现和有效处置，必将导致更为严重的后果。从这些事件中我们也可以看出，事件发生虽然具有突发性或偶然性的特点，但是同时还伴有涉事人员的异常行为等特征。因此对涉事人员的异常行为有必要进行深入研究，特别是对事件发生的相关现场视频、图像等进行记录和分析，并对相近的、类似的行为进行识别和判断，以便在后续将要发生类似行为或事件时能够防患于未然，使事件得到及时控制和处置，从而避免类似事件的重演和再现。

目前，对突发异常行为事件的监控及其相关研究越来越倾向于通过在已知或已获取的视频和图像数据分析的基础上，对实时发生的人群异常行为进行机器识别和判断。而这些针对突发异常行为事件的视频或图像数据的分析，往往基于对人群异常行为图像的处理与分析研究的基础上，因此人群异常行为图像研究对公共领域人流密集、管控场所，如轨道交通客流运输、航空客流运输、城市公交客流运输等突发异常事件的分析、识别和预测具有愈来愈重要的作用和应用价值。近年来，对公共区域内的人群异常行为研究和判断识别日益得到关注，特别是随着城市轨道交通的快速发展，该研究越来越受到政府、学者、社会公众的重视，成为研究的热点。

当前，视频监控体系的建立已成为我国社会安全体系建设的一个重要组成部分。而视频监控系统作为轨道交通运输领域安全防治的一个重要手段，也发挥着无可替代的作用。随着这些视频监控系统的应用和发展，大量的视频图像数据需要存储、处理和分析，尤其是引发安全问题和安全隐患的异常行为事件视频和图像数据，这些数据对于事件发生、事件过程、事后分析以及日后防控防治等都具有重要的研究意义和应用价值。

有鉴于此，我们针对轨道交通行业存在的人群异常行为图像研究需要，对人群异常行为图像研究的相关技术和内容如图像预处理、图像增强、图像分割、图像识别等进行了介绍和探讨，为轨道交通领域中的人群异常行为图像分析和识别提供可以借鉴的方法和技术。

本书内容共有 5 章。第 1 章主要阐述了人群异常行为图像研究背景与意义，包含人群异常行为图像研究背景、意义、现状、研究内容以及思路和方法；第 2 章介绍了人群异常行为图像的常用预处理方法，包括色彩空间模型及不同空间模型间的转换、直方图分析、图像运算、图像中图形标示、数据封装等内容；第 3 章主要对人群异常行为图像增强技术进行讨论，包括灰度变换、中值滤波、同态滤波、形态学方法等；第 4 章对人群异常行为图像分割技术进行分析，包含阈值分割、基于微分算子的边缘检测、基于聚类分析的图像分割方法、基于分水岭算法的图像分割方法，以及基于多尺度小波分析的图像分割方法；第 5 章对模板匹配技术、形状识别技术、骨架提取技术、机器学习技术、深度学习技术等进行了介绍。

本著作获得 2017 年广东省重点平台和重大科研项目特色创新类项目（自然科学）“基于视频图像分析的地铁人群异常行为识别关键技术研究（2017GKTSCX053）”的资金资助出版，是该课题项目的研究成果。

本书的宗旨是根据轨道交通领域对安全运输的需要，服务于轨道交通行业对人群异常行为图像分析的需求。同时也为图像分析爱好者、研究人员以及学生提供参考。由于印刷成本的原因，书中彩色图像均为黑白印刷，为方便读者阅读此书，特将书中涉及的图像放入下面二维码中，请读者扫描获取。

本书撰写过程中，得到了广州铁路职业技术学院张杨博士、霍睿老师的支持和帮助，在此表示感谢。

由于作者水平有限，时间仓促，书中难免存在不妥与疏漏之处，敬请批评指正。

扫描获取书中图像

刘国成

2018 年 4 月

目 录

第 1 章 人群异常行为图像研究背景与意义

第2章 人群异常行为图像预处理方法

第3章 人群异常行为图像增强技术

第 5 章 人群异常行为图像识别技术

第 1 章

人群异常行为图像研究背景与意义

【本章引言】

针对我国轨道交通客流运输的发展现状，指出了当前轨道交通客流运输所面临的安全问题，阐述了人群异常行为图像研究的重要性。并根据人群异常行为图像研究内容的需求，提出了人群异常行为图像研究的思路与方法。

【内容提要】

1.1 人群异常行为图像研究背景

随着我国经济和城镇化的快速发展，城市规模和人口不断扩大，在火车站、地铁站、公交站、机场、广场等公共区域常常容易出现人流高峰的情况。高密度、超大量的人流潮及其人群不确定行为给城市客流运输及公共安全带来了极大压力和巨大隐患。图 1-1 所示分别是北京市、广州市早高峰时段中地铁站里的客运人流高峰潮。从图中的场景就可以感受到高密度人流给轨道交通客流运输运营单位带来的巨大压力和挑战。

（a）北京地铁人流高峰

（b）广州地铁人流高峰

图 1-1　北京、广州地铁人流高峰场景

更让人值得注意的是近些年来出现的一系列各类型人群异常行为事件，引发了社会和政府对交通运输行业公共安全的激烈讨论和高度关注。以轨道交通领域为例，2012 年 10 月 7 日，广州地铁 4 号线上一名老伯和一名男青年发生口角，进而引发斗殴，造成恶劣影响。2014 年 3 月 1 日，云南省昆明市火车站发生了严重暴力恐怖袭击事件，事件造成 29 人死亡、143 人受伤。2014 年 03 月 4 日，广州地铁 5 号线列车从广州火车站行至西村时，因列车尾部车厢有人喷射刺激性气体导致乘客惊慌发生踩踏事故，造成多人受伤。2014 年 10 月 25 日，广州万胜围地铁站 D 口附近发生砍人事件（一名高大男子持菜刀砍伤一男一女后逃逸）。2015 年 4 月 20 日，深圳地铁 2 号线黄贝岭站发生踩踏事件，一名乘客因不明原因在站台上晕倒，引起站台部分乘客恐慌拥挤，引发混乱踩踏，造成多人受伤。2017 年 2 月 10 日，香港港铁一辆由金钟开往荃湾的列车发生纵火事件，造成多人受伤。2017 年 3 月 26 日，一名年轻男子在南京南站跳下站台翻越轨道，被入站高铁列车挤压致死。2018 年 1 月 5 日，由蚌南开往广州南站的 G1747 次高铁列车在合肥站停站办客时，一名带着孩子的女旅客以等丈夫为名，用身体强行阻挡车门关闭，扰乱了铁路车站、列车正常秩序，造成该列车晚点发车，并险些造成大面积列车延误。2018 年 8 月 21 日发生在从济南开往北京的 G334 次列车上的霸坐男事件，以及发生在 9 月 19 日从永州—深圳北 G6078 次列车上的霸坐女事件。2018 年 9 月 24 日，南京地铁 3 号线从大行宫站前往诚信大道站的列车上发生的打人事件。

这些事件的出现，引发了政府的高度重视和公众的高度关注。尤其是在人流高密集的情况下，如果发生此类事件，若不能及时发现和有效处置，必将导致更为严重的后果。从这些事件中我们也可以看出，事件发生虽然具有突发性或偶然性的特点，但是同时还伴有涉事人员的异常行为等特征。因此对涉事人员的异常行为有必要进行深入研究，特别是对事件发生的相关现场视频、图像等进行记录和分析，并对相近的、类似的行为进行识别和判断，以便在后续发生类似行为或事件时能够防患于未然，使事件得到及时控制和处置，从而避免类似事件的重演和再现。事实上，在公共区域人流密集的情况下，人群异常行为（例如打架、拥挤、点火等突发异常行为）往往成为影响公共安全的重要隐患和主要因素之一。上述这些人群突发异常行为事件的发生为我们敲响了公共安全的警钟。做好安全防范、安全监控与安全保护工作已经刻不容缓。

为防止此类事件的发生，政府部门在公共场所（街道、火车站、地铁站、公交站、机场、广场等公共区域）设置和安装了大量的监控视频系统，以便实时监管、预防突发和调查取证。然而大量的监控每时每刻都会产生海量的视频数据和图片数据，这使得监控人员难以通过传统的人工方式来察觉和判断异常情况的发生。此外，公共区域内的人群异常行为事件发生常常是偶发性或突发性的，这使得以人工方式及时对这些异常行为进行实时识别、判断和分析困难重重。有鉴于此，对突发异常行为事件的监控及其相关研究越来越倾向通过在已知或已获取的视频和图像数据分析的基础上，对实时发生的人群异常行为进行机器识别和判断。而这些针对突发异常行为事件的视频或图像数据的分析，往往基于对人群异常行为图像的处理与分析研究的基础上，因此人群异常行为图像研究对公共领域人流密集、管控场所，如轨道交通客流运输、航空客流运输、城市公交客流运输等突发异常事件的分析、识别和预测具有愈来愈重要的作用和应用价值。近年来，对公共区域内的人群异常行为研究和判断识别日益得到关注，特别是随着城市轨道交通的快速发展，该研究越来越受到政府、学者、社会公众的重视，成为研究的热点。

近年来随着安全形势越来越严峻，地铁对安防的呼声和要求也越来越高。目前在地铁运营中，对安防和乘客拥堵的问题主要通过设置安防监控和人工疏导来完成。事实上，设置的安防设备及系统只具备单一的监控功能，且监控过程仍然需要人工进行实时观测。这种单一的安防系统功能虽然发展很快，但已经遇到瓶颈，其自动化、信息化和智能化程度还很低，不能第一时间发现问题和进行处置，只能作为数据存储用于事后查询。并且受其单一功能的局限已无法进一步提高系统能力。

随着各大城市地铁交通运输系统中乘客拥挤的现象越来越频繁，安防的要求愈来愈高，地铁运营单位及社会对人群拥挤下的人流密度分析、火苗烟雾发现、人群异常行为事件分析等愈发重视，这给当前安防监控提出了更高的标准和要求。随着监控系统智能视频分析技术的发展，如视频智能追踪技术、入侵监测技术、遗留物品检测技术、

人脸识别技术等的出现和快速发展，为城市轨道交通系统的安防预警提供了新的技术方法和解决途径。这些技术虽然为运营安防解决了一些问题，但是没有真正从人流安全预警的角度考虑需求，仍然没能很好地解决对人群拥挤下的人流密度分析、烟火检测、人群异常行为等关键技术和难点问题。鉴于此，在此背景下，有必要基于智能视频技术分析下，对地铁人群异常行为的数字图像处理与分析技术进行研究。

1.1.1 我国轨道交通客流运输的发展现状

随着我国改革开放和社会经济的不断发展，人口移动和迁移的数量规模不断扩大，传统的公路运输和航空运输难以满足需求。从20世纪90年代开始，我国开启了高速铁路和城市轨道交通铁路的建设。经过二十多年建设和发展，我国已形成了全球最大的轨道交通市场，成为全球轨道交通发展最快的国家。随着列车车辆和铁路技术的不断创新发展，轨道交通运输种类越来越多元化，出现高铁、地铁、轻轨、有轨电车、磁悬浮轨道系统、单轨系统（跨座式轨道系统和悬挂式轨道系统）及自动旅客捷运系统等多种轨道交通客流运输方式。并呈现出以下的发展现状和发展趋势。

1. 高速铁路和城轨交通迅速发展

随着我国经济持续快速发展和城镇化规模的不断扩大，人们对铁路客流运输的运力和速度的要求也在不断提高。高速铁路作为一种快速、先进的轨道交通方式，较好地解决了铁路客流运输的速度和运力的问题。

中国铁路高速化始于1999年兴建的秦沈客运专线，它是中国铁路第一条客运专线，也是我国“八纵八横”高速铁路网的重要组成部分。从2008年我国第一条350 km/h的高速铁路——京津城际铁路开通运营以来，高速铁路在我国得到迅猛发展。按照国家中长期铁路网规划和铁路“十一五”“十二五”规划，提出了以“四纵四横”快速客运网为主骨架的高速铁路建设。在近二十年时间里，我国建成了京津、沪宁、京沪、京广、哈大等一批设计时速350 km、具有世界先进水平的高速铁路，形成了比较完善的高速铁路客运专线体系。在“四纵四横”等客运专线规划构建的基础上，国家提出了“八纵八横”的高速铁路中长期铁路网规划，勾画出我国新时代高速铁路网的宏大蓝图。由此可见，继续快速发展高铁客流运输，仍将成为我国铁路发展的一大趋势。

近些年来，我国城市轨道交通发展迅猛，已有北京、上海、广州、深圳、香港、武汉、天津、南京、沈阳、成都、佛山、重庆、西安、苏州、昆明、杭州、哈尔滨、郑州、长沙、宁波、无锡、大连、青岛、南昌、福州、东莞、南宁、合肥、石家庄、长春、大庆、吉林、贵阳、温州、齐齐哈尔、厦门、兰州、乌鲁木齐、徐州、常州、太原、洛阳、济南、开封、商丘、安阳、焦作、新乡、平顶山、南阳、芜湖、汕头、马鞍山、绵阳、泸州、佛山等城市建成或正在建设地铁。我国城市轨道交通发展迅速，构建了以地下铁道为骨干、多种类型并存的城市轨道交通体系。不仅建设的城市多、势头猛，还形成了地铁、城际轻轨、有轨电车、磁悬浮高速线、自动旅客捷运系统、单轨等相互并存、接驳的多元化发展模式。可以预见，对于特大城市，轨道交通持续发展是城市交通发展的必然趋势。

2. 国内轨道交通发展格局已具规模

2014 年，我国铁路营业里程突破 11.2 万千米，高速铁路营业里程超过 1.6 万千米，居世界第一。2017 年随着石济高铁正式运营通车，我国“四横四纵”高铁骨干网络的最后“一横”完美收官。2016 年，国家《中长期铁路网规划》又提出了“八纵八横”高铁网主框架及城际铁路的相关规划。至 2018 年底，我国高铁运营里程超过 2.9 万千米，占全球高铁运营里程的 2/3 以上，超过全球其他国家总和。由此可见，我国轨道交通发展格局已具规模。

除此之外，国内城市轨道交通也蓬勃发展。不仅需要建设的城市多、势头猛，建设规模也不容小觑。2015 年，我国城市建成并投运的城轨线路就达 116 条，运营线路长度达到 3612 千米，新增 15 条运营线路。其中地铁就有 2658 千米，占 73.6%，而轻轨也占到 6.6%。据中国城市轨道交通协会发布的《2017 中国城市轨道交通统计年报》显示，至 2017 年底，中国内地已开通并运营城轨线路共计 165 条，运营线路长度达 5033 千米，位居世界第一。许多省会城市或重要城市已形成城

市轨道交通与航空交通、高铁运输、公路客运相接驳的完善客流运输体系，极大地丰富和改善了客流运输运力和规模，使乘客出行更加方便，有效地缓解了因城市规模扩大所引发的人口移动所需的公共交通运输问题。

3. 轨道交通成为各大城市群解决拥堵和提升发展空间的重要手段

以高铁、城际铁路、市域（郊）铁路、城市轨道交通为代表的现代综合交通体系具有运量大、速度快、能效高、排放低的特点，正在逐步发展成为城市群之间和城市群内部的骨干运输方式，有利于疏解中心城市人口压力，提高中小城市和特色小（城）镇的要素聚集能力，优化城市群内各城市空间布局，对我国城市群的健康发展具有重要支撑作用。

目前，轨道交通系统已经成为各大城市解决道路拥堵问题、提升发展空间的首选。通过发展轨道交通能帮助解决拥堵和污染等问题，促进产业和人口的疏解。

4. 公众对轨道交通客流运输的依赖性和关注度（安全）日益提高

随着城市轨道交通的迅速发展，极大地方便了城市居民的出行，公众对轨道交通客流运输的依赖也越来越高，在北、上、广、深等大城市，乘坐轨道交通工具已成为市民上下班的常用方式。然而随着乘客越来越多，安全隐患问题（如防恐防爆、人群拥挤、消防火灾等突发事件）也日益突出。尤其是上下班人流密集高峰期，人群异常拥挤，一旦发生恐袭、火灾、踩踏等事件，后果不堪设想。可见，一是安保问题，二是拥堵问题，使得地铁交通运输面临的压力非常大。

近年来随着安全形势越来越严峻，轨道交通发生的一些突发事件引发了公众的高度关注，公众对轨道交通安防的呼声和要求越来越高。

1.1.2 我国轨道交通客流运输面临的安全问题

轨道交通运输是我国客流运输的主要载体，已成为大众出行的首选。随着大众对轨道交通的依赖，乘客和公众对轨道交通客流运输的安全问题也愈发重视。目前我国轨道交通客流运输面临着以下一些安全形势和安全问题。

1. 列车行驶里程长和开行密度大，运行过程发生事故概率增大

我国铁路运输水平有了很大的提高，人们乘坐高铁在我国辽阔的铁道线上朝发夕至已经成为现实，高铁速度的提高缩短了城市之间的距离，为人员移动提供了便利。但是，随着我国轨道交通规模的不断扩大发展，列车班次开行的频率越来越高，列车行驶的总里程也越来越长，这意味着运行过程面临产生突发事故概率也在不断增加。2011年的“7·23”甬温线特别重大铁路交通事故，造成40人死亡、172人受伤，中断行车32小时，直接经济损失近2千万元，为铁路运输的安全问题敲响了警钟，引发了社会公众对高速列车事故的高度关注。铁路运输安全，是铁路运输最重要、最核心的部分，所有旅客的运输安全都取决于行车安全。事实上，随着国内轨道交通快速发展和规模的不断扩大，以及公众出行对轨道交通的依赖逐年升高，铁路部门在运营管理和运输安全上都面临着越来越大的压力。

客流需求量的快速增长给运营组织带来极大挑战，需有效调整运力资源配置、加强线网间运输能力协调、严格防控客运安全风险。

2. 车站及列车内乘客密度及流量大，突发异常事件时有发生

随着轨道交通快速发展，我国大多数城市的轨道交通客流量呈现出井喷式快速增长的特点和趋势。根据中国城市轨道交通协会发布的《2017年城市轨道交通行业统计报告》，2017年国内累计完成客运量已达185亿人次，其中北京轨道交通全年累计客运量就达到37.8亿人次，日均客运量达到1035万人次，居全国首位；上海累计完成客运量35.4亿人次，日均客运量969.2万人次；广州累计完成客运量28.1亿人次，日均客运量768.7万人次；深圳累计完成客运量14.5亿人次，日均客运量396.2万人次。四座城市客运量均创历史新高。从客流强度来看，北、上、广、深四大一线城市超过了1万人次/日·千米的水平，其中，广州的客流强度最大，达到了1.97万人次/日·千米，其次是北京、深圳、上海、武汉、杭州、成都、重庆。由此可见，轨道交通承载的运

力、密度以及流量的规模之大。

所以近年来，随着我国城市轨道交通业的快速发展，运营安全问题逐渐凸显出来，各类突发事件时有发生，并呈现逐年上升之势。例如“2·10”香港地铁纵火事件、高铁挡车门事件、南京南站高铁夹人事件、高铁霸车男（女）事件等突发异常事件的发生，引发了公众对轨道交通运营安全的激烈讨论和关注。也突显了这些突发异常事件对轨道交通运营安全和乘客出行安全的影响。研究表明（赵娟，2016）这些突发异常事件会对轨道交通客流运输安全造成不同程度的影响与危害。一是这些突发异常事件具有随机性、传递性、扩散性的特点，会导致轨道交通网络的局部中断、客流拥堵和列车延误。轻者造成乘客出行不便，降低运输能力，重则路网瘫痪，危及生命安全。二是发生安全问题，轨道交通运输的疏散难度大。由于轨道交通乘客车辆大多空间密闭、车站出入口通道比较长，突发异常事件极易造成乘客短时间聚集挤压，而且乘客不可控、不确定因素较多，利用有限通道将客流在极短时间内快速疏散出去非常困难。因此，对于突发异常事件的预警、及时处置以及快速疏散客流措施还需要进一步加强。

3. 轨道交通受天气环境等因素影响，容易引发大客流事件

作为陆上交通，轨道交通极易受到自然灾害、天气、地理环境以及人为破坏等因素影响，从而造成交通网络中断、列车延误，进而引起客流拥堵，发生大客流事件。例如 2008 年初我国南方雪灾造成大范围交通瘫痪，铁路、高铁、航空等交通大面积中断，由于当时正值春节返乡期间，上亿返乡人被滞留，因灾造成的直接经济损失达到了 537.9 亿元。

此外，在轨道交通系统正常运营时若发生一些事故（如暴雨洪灾、山体落石、人员卧轨等），也将导致相关轨道交通线路运行中断，造成乘客在轨道交通列车和车站内大量滞留、积压，从而也会引发大客流事件。例如，2012 年，因大风吹起异物引发沪杭高铁设备故障，导致有列车停驶，长时间等待和闷热，引发乘客不满，怒砸车厢窗户玻璃。2015 年，北京地铁 10 号线出现信号故障，一列车因为停车时间过长，导致空气流通不畅，有乘客抡起安全锤，将车窗玻璃砸开透气。大客流事件由于具有人数众多、人流路径复杂、流动性大等一些不确定因素的特点，再叠加长时间高强度的常态客流，对轨道交通网络的运输

能力、安全可靠性、协调调度等各方面都是巨大的考验。同时，大客流事件期间也极易发生突发公共事件，且一旦发生又往往会造成重大人员伤亡和财产损失。由于“涟漪反应”的存在，其负面影响会在轨道交通网络上不断传播并引发一系列次生事件，甚至造成重大人员伤亡和财产损失，这也是轨道交通系统需要应对的一类主要安全事件。

4. 轨道交通面临恐袭等安全形势依然十分严峻

伴随着城市轨道交通的高速发展，轨道交通安全也引起了人们的极大关注。由于轨道交通处于封闭空间中，人员密集、疏散困难，一旦受到破坏和袭击，便具有全线性、连带性、局限性和群体性等特点，造成的人员伤亡、财产损失和社会影响都是无法估量的。因此，轨道交通常常成为恐怖袭击的对象。例如，1995 年东京地铁沙林毒气事件、2005 年伦敦地铁连环爆炸事件、2009 年雅典地铁纵火事件、2010 年莫斯科地铁爆炸事件、2011 年明斯克地铁爆炸事件等都说明了这一问题。

2014 年发生在云南省昆明市昆明火车站的一起火车站暴力恐怖袭击事件，造成 29 名无辜群众死亡、130 余人受伤。事后查明是以阿不都热依木 · 库尔班为首的新疆分裂势力一手策划组织的严重暴力恐怖事件。这一恐袭事件表明，和全球面临的恐袭形势一样，我国同样面临着恐怖袭击的危害，安全形势同样严峻。考虑到我国轨道交通规模和乘客的体量巨大，恐袭引发的伤害和二次危害的后果都会非常严重，因此该类安全事件是我国轨道交通客流运输所必须防范的首要安全问题。

5. 人的因素对轨道交通运输安全影响越发引人关注

随着轨道交通的四通八达，越来越多人选择轨道交通工具作为出行的便利工具。由于列车客流运输的主体主要是人，因此人的因素对轨道交通运输安全的运营具有非常重要的影响。与此同时，列车车厢和城轨车站属于封闭空间，在有限空间的人流密集往往容易引发突发异常事件，从而导致营运安全事故，造成人身安全和财产损失。基于此，人的因素对轨道交通运输安全影响就越发引人关注。

影响轨道交通运输安全的人员可以分为运营系统内的工作人员、运营系统外的乘客两类。其中运营系统内的工作人员主要是因为工作疏忽所造成的安全事故。例如，2011 年，上海地铁新天地站设备故障，

引发两列车不慎发生追尾，事故造成 40 余名乘客受伤。事后查明，是因为维护企业在未进行风险识别、未采取有针对性防范措施的情况下进行施工作业导致供电故障，而行车调度员未严格执行调度规定，导致两列车发生追尾。

乘客对运营安全的影响主要表现在以下一些行为：① 攀爬跨越栏杆或检票闸机，强行冲闸；② 携带或放置易燃、易爆、危险物品；③ 非法拦车，在非紧急状态下启动紧急或安全装置等方式影响或阻碍列车的正常运行；④ 跳下站台，进入铁路轨道、隧道、其他严禁或限制区域；⑤ 在车站或列车内打架、斗殴、滋事；⑥ 站台、列车屏蔽门在关门提示警铃鸣响、灯光闪烁时，抢上抢下车；⑦ 故意损毁或擅自移动地铁设备设施；⑧ 擅自操作有警示标志的按钮、开关装置；⑨ 在车站、站台、站厅、出入口、通道、通风亭、冷却塔外侧禁止区域内堆放杂物、停放车辆、擅自摆摊设点、表演或行乞堵塞通道。

例如，2014 年，有乘客在搭乘广州地铁途经广州火车站至西村站区间时，使用随身携带的催泪喷射器向列车地面喷射，致使车厢内瞬间弥漫刺激性气味，导致大量乘客产生恐慌情绪并在列车停靠西村站时涌出车厢发生踩踏事件。事件造成 13 名乘客受伤，广州地铁直接经济损失人民币 2.8 万余元，并造成 21 列列车晚点，严重影响列车营运，产生了较恶劣的社会影响。

1.2　人群异常行为图像研究的意义

随着我国城镇化步伐的加快，城市规模及经济的快速增长，人口数量规模和城市范围持续增长扩大，一些社会矛盾时有出现。这些事件往往发生在人流密集的公共区域或重要场所（如地铁站、高铁站、火车站），给人民群众带来了一定的影响和威胁，甚至一些事件还造成较大的人员伤亡和严重的直接经济损失。尤其是发生在轨道交通客流运输领域里的一些异常突发社会事件（如昆明恐怖袭击事件），不仅对公共场所无辜群众的生命财产安全造成了严重的危害，扰乱了正常稳定的社会治安秩序，还造成了重大的社会不良影响。我国政府对此高度重视，正在通过大力支持智能视频技术的研发、应用和推广，逐步实现将城市中各类监控设备统一入网和集中管理，以形成一个整体、统一的监管网络，同时借助计算机图像分析技术和人工智能识别技术对引发突发社会事件的个体或群体异常行为的视频或图像进行深入研究，以此提高对此类事件的识别和预警能力。由此可见，人群异常行为及其图像研究对于这些危害社会公共安全事件的识别、预警、防治具有十分重要的研究意义和应用价值，也是当前研究的热点之一。

有鉴于此，我们针对轨道交通客流运输安全问题，从国家宏观层面、城市管理视角以及轨道交通运营角度等三方面来描述人群异常行为图像研究对轨道交通领域安全的重要意义和应用价值。

从国家宏观层面上讲，轨道交通已成为我国的重要客流运输交通工具，年客运量就接近200亿人次。在轨道交通领域发生如恐怖袭击、暴力群体事件等突发社会安全事件，必然会对社会稳定和政治安定造成重大影响。事实上，这类突发社会安全事件往往被列为严重的社会治安事件，是国家公共安全关注的重要组成部分。这类事件的发生常常会导致重大的人员伤亡和财产损失，并有可能对部分地区的经济发展、社会稳定和政治安定构成重大的威胁，因此对这类突发社会安全事件的防控是国家治安稳定和社会和谐发展的重要前提。对人群异常行为图像的研究是这类突发社会安全事件的一个有效且重要的技术手段，其研究成果对这类突发社会安全事件的事前预警、事中管控以及事后分析都有重要的价值。通过对轨道交通领域严重威胁治安事件人群异常行为图像研究，可以快速定位引发这类突发社会安全事件的源头和嫌疑人物，为事件性质的判断、识别、预警、防治等提供新的信息化技术手段和方法，从而更有效地提升了政府对突发社会安全事件的防治能力，避免重大的生命财产损失。

从城市管理视角来看，城市轨道交通已经成为我国大城市绝大部分市民出行的主要交通工具，集中承载着城市中大部分客流运量。以北、上、广、深等一线大城市为例，日均客运量均达到数百万人次以上，并且达到这样规模客运量的大城市数量还在逐年增加。由于城市轨道交通客流运输具有封闭性、密集型等特点，特别是地铁客流运输还具有人流密集、地下通道复杂而又疏散不易的特殊性，因此一旦出现群体异常行为（如拥挤踩踏、人为纵火等）会对正常的客流运输带来严重的安全威胁，从而引发严重的社会安全事件。通过人群异常行

为图像分析，可以对客流中潜在的安全隐患进行识别和预警，对正在发生的突发事件进行判别和处置，从而有效地消除客流运输里的安全隐患，降低突发事件所引发的生命财产损失和社会影响。

从运营单位角度来讲，人群异常行为（如打架斗殴、吸烟点火、区域入侵等）会对轨道交通正常客流运输的安全造成影响，造成列车延误，甚至会引发群体混乱或群体事件，不但严重影响了轨道交通企业的正常运营，还会带来不可预计的直接经济损失。事实上，相对于群众集会、游行示威、拥挤踩踏、暴力事件、恐怖袭击等突发社会安全事件，在车站或车厢中吸烟点火、吵架斗殴、阻挡车门、卖艺乞讨、区域入侵、翻越栅栏、跨越黄线、随意饮食、乱扔垃圾等人群异常行为或不文明行为事件发生的频次更高。虽然这类人群异常行为事件不像暴力事件、恐怖袭击等突发社会安全事件容易引发公众的关注和恐慌，但是对乘客的安全出行仍然会带来潜在的安全隐患，有可能引发消防火灾，局部恐慌造成拥挤踩踏，甚至造成人员伤亡等严重的个体或群体安全事件。由于此类事件具有频发性、偶然性、突发性、隐蔽性等特点，因此单靠现有车站内的安防和安检设施进行防控是十分困难的。只有通过对人群或个体异常行为图像的分析和研究，找出此类行为规律和特征，并借助现代人工智能技术对获取的视频数据进行判断和识别，为这类事件发生提供及时预警和处置方法。因此，人群异常行为图像研究对于轨道交通运营单位而言，其价值和重要性是不言而喻的。

智能视频系统和人群异常行为图像研究的智能化技术研究是当前轨道交通行业、社会治安管理部门、学术界以及视频监控行业共同关注的热点和难点问题。视频大数据中的人群行为分析是目前智能视频系统中一个非常关键且相对不成熟的组成部分，其对监控视频中的个体及群体异常行为的智能分析和识别，有助于辅助轨道交通运营单位和执法部门对突发社会安全事件的预防控制和管理。同时，基于视频图像大数据分析中人群行为识别方法和技术的研究，对丰富人工智能领域理论和支持应用实践都具有非常重要的意义。

目前，轨道交通公共区域的视频监控系统也越来越普及。而机器视觉技术、图像识别分析、人工智能理论也有了长足的发展，因此应用机器视觉和计算机图像分析技术来解决人群异常行为导致的公共安

全问题已成为当前的研究热点之一。人群异常行为图像研究就是使用机器视觉技术获取人群异常行为视频数据或图像信息，利用数字图像处理方法对人群异常行为特征进行提取和分析，根据人工智能理论通过计算机对人类行为功能进行识别。其中人群异常行为识别就是依靠计算机图像分析方法和人工智能理论模拟人类的视觉判别功能对人群异常行为进行检测和识别。对于人类的视觉系统能够快速准确识别异常行为的许多场景，目前计算机图像分析方法和人工智能识别技术还无法完全或有效地做到，因此开展人群异常行为图像研究具有重要的意义。由于在轨道交通客流运输中，多数人群异常行为都具有复杂的场景，因此开展轨道交通客流运输下的人群异常行为图像研究和分析对于扩展异常行为图像研究的应用范围具有重要的意义。

通过综合智能监控系统乘客、运营车辆及设备进行覆盖，采用智能视频分析技术实现人员及设备的安全检测及防护，已成为我国城市轨道交通领域的必然趋势。解决综合智能监控系统中人群异常行为分析的关键技术和关键问题，将有助于基于智能视频分析的综合监控系统在城市轨道交通运输中的进一步推广和应用，并进一步提升整个轨道交通的安全性和便利性。相关技术还可以推广至高铁运输和城际铁路运输，甚至公路交通领域和航空交通领域，从而提升交通运输整体的安全可靠性。

本书主要介绍基于轨道交通视频数据中的人群异常行为图像处理与分析的方法，从而为轨道交通行业研究人员和管理人员提供相关技术和方法的支持。人群异常行为图像研究涉及机器视觉、计算机图像分析、人工智能、云计算和大数据分析等多个领域和技术，需要以基于人类视觉的认知科学、历史性数据等多类先验知识为指导。由于目前轨道交通综合视频系统的视频数据记录了城市中各个区域内的行人社会活动的各类行为特征，我们主要根据对人群异常行为视频图像的处理与分析，通过知识发现与知识融合的研究去寻找相应的特征与规律，以便更好地完成个体异常行为信息的挖掘和行为识别的任务。有鉴于此，我们从人群异常行为图像的预处理方法、图像增强、图像分割、图像识别等技术和方法入手，为人群异常行为研究提供一种信息化技术的分析手段。

1.3 人群异常行为图像研究现状

当前暴力恐袭事件和群体性事件等突发异常事件引起了国内外的广泛关注，综合智能视频监控系统已成为各国维护社会公共安全的重要组成部分，在维护社会治安稳定方面起到了重要的作用。国内外很多研究者通过对智能视频监控系统进行设计部署，对监控视频图像中的人群异常行为进行分析，以实现对监控视频的智能分析，实现对社会安全突发事件的智能判断、识别、控制和管理。近年来，人工智能图像识别领域获得了许多突破性进展，并得到国内外学术界、产业界以及媒体界的广泛关注。其中最为重要的就是视频图像及其基础上的智能视频识别和分析技术，这为人群异常行为图像研究的深入开展和广泛应用奠定了基础。

人群异常行为图像研究属于人类行为识别的范畴，即在特定场景下对人类特定行为进行判断和识别，例如地铁站、高铁站内的打架行为识别，老人小孩的跌倒行为判断，翻越栅栏行为预警等。人群异常行为图像研究是计算机视觉和图像模式识别领域的研究热点之一，近年来得到了学术界和工业界的重视。

国内外对人群异常行为图像研究的应用场景非常广泛，有人流统计（李莹等，2018；颜雯钰等，2017）、快速聚集检测（桑海峰，2016）、人群密度检测（郭强等，2019）、人员徘徊检测（刘超等，2017）、人员倒地（张起贵，2014）、打架检测（朱小锋，2017）、烟火检测（李国生，2018）、区域入侵（王欣宇，2014；薛八阳，2015）、人脸识别（李鹍等，2018）、遗留物检测（叶立仁等，2015；Porikli 等，2007；Lv 等，2006；Spagnolo 等，2006）等研究内容。研究的技术和方法也非常丰富，包括熵变理论、小波分析、遗传算法、机器学习、神经网络、深度学习等（谭筠梅等，2014）。

根据国内外对人群异常行为图像研究的应用场景和行为特征分析，将人群异常行为图像研究内容分为群体行为突变研究、个体异常行为研究、人员安全预警处置、异常人员身份识别、乘客遗留物品分析等 5 个方面，如图 1-2 所示。

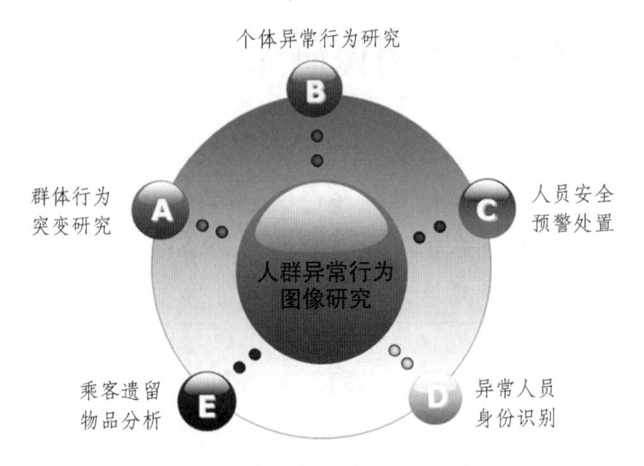

图 1-2 人群异常行为图像研究分类

1. 群体行为突变研究

群体行为突变是指在轨道交通客流运输过程中出现的群体拥挤、人流密集、群体骚动、突然聚集、瞬间逃散等现象。其研究主要为人流统计技术、快速聚集检测技术、快速扩散检测技术、人群密度检测技术等内容。由于群体行为突变有可能会引发安全突发事件，给轨道交通客流运输安全造成重大影响，因此是轨道交通领域十分重视的研究方向。目前对群体行为突变研究主要热点还是针对人流统计、人群密度检测等方面。

2. 个体异常行为研究

个体异常行为是指在车站、站台、车厢等客流密集场所出现的打架斗殴、乘客晕倒、徘徊、突然奔跑、攀爬悬挂等非正常行为。其研究主要对打架检测技术、人员倒地检测技术、人员徘徊检测技术、快速奔跑检测技术等内容进行。个体异常行为具有突发性、偶然性，其危害和影响对轨道交通客流运输安全而言具有不可预测性。如 2014 年 11 月 03 日南京地铁 2 号线兴隆大街站两乘客因纠纷打架造成列车延误;2015 年 4 月 20 日深圳市地铁黄贝岭站站台因有人晕倒引发部分乘客恐慌，造成十多人受伤。这些事件都是因为琐事临时引发，但事发场所因在地铁站内，而地铁站空间是封闭的，人员密集程度高，极容易导致人员高度聚集，或导致不知情人员产生恐慌，扰乱地铁正常秩

序，甚至进一步导致拥堵踩踏等公共安全事故发生，产生的危害性和后果往往比地面同类事件更为严重。基于上述原因，引发了客流运输部门和相关学者的高度关注，开展了相关的一些研究。

3. 人员安全预警处置

人员安全预警处置是指在轨道交通客流运输时出现违反交通营运法律法规所规定的各类异常行为和现象的防治和处置，如在车站或车厢内点火或吸烟的行为、跨越车站或轨道设置的隔离栅栏、侵入车站或道轨所设置的禁止进入的区域、跨越站台所设置的候车警戒线、翻越扶梯的行为等。其研究主要涉及烟火检测技术、跨线检测技术、区域入侵技术、翻越检测技术等内容。由于这些异常行为违反了轨道交通运营法律法规的规定，对列车营运造成安全隐患，需要及时预警和马上处置。因此成为轨道交通客流运输安全的重要研究内容。

4. 异常人员身份识别

在轨道交通运输中，对异常人员身份识别非常重要。通过人员身份识别，能够及时掌握人员信息，做到事前预防、事中追踪、事后查证。异常人员身份识别研究主要针对人脸识别技术、人脸抓拍技术、视频追踪技术等内容进行。

5. 乘客遗留物品分析

乘客遗留物品分析是指对在车站、车厢等场所出现的无人认领、形迹可疑的包裹或行李进行分析。这些事情的发生有时是恐袭等突发安全事件爆发的前奏，因此引起了运营单位的高度重视，也吸引了一些研究人员的关注。乘客遗留物品分析主要对遗留物检测技术、物体丢失检测技术等内容进行研究。

在国内，随着“国家应急体系”“平安城市”等重大工程项目在全国的不断推进，每天承担着大量高密度人流运送的城市轨道交通是推进国家重大工程项目的重要部门之一。考虑到城市轨道交通运营中，智能视频监控系统已经成为城市轨道交通安全管理的重要手段之一，许多人工智能领域的科研院所与公司正在致力于将图像识别技术落实到现实应用中，从而促进了人群异常行为图像研究的快速发展。目前国内已有不少科研院所与科技企业合作，根据现有的技术水平，结合具体行业的应用场景，从解决行业的需求出发，来实现需求和技术良好结合的最佳状态。

1.4 人群异常行为图像研究内容

国家、政府、地铁建设和运营单位对安全越来越重视，对安防和视频监控系统的要求越来越高，摄像头越来越多，视频监控人员的负担也越来越重。虽然安装了大量的摄像头和监视器，但自动化、信息化和智能化的程度还是非常低，无法第一时间发现问题，多数情况只是起到事后查询和分析的作用，因此，这种现状也迫切需要改变。

视频技术的出现帮我们极大提高了采集信息和存储信息的效率，但同时也严重影响了分析信息的效率，当无法从海量数据中提取出有价值的东西时，就失去了我们当初采集数据的意义。因此，有必要对视频监控系统所获取的影像和图像进行进一步的处理与分析，尤其是针对轨道交通客流运输中人群异常行为图像内容的研究，以解决这个矛盾，从而实现有效防治和及时处置。以下我们将介绍目前人群异常行为图像研究中的一些主流研究内容和技术。

1.4.1 人群流量统计技术

研究内容：对车站站台、闸机入口、列车车厢、乘客通道等处的视频监控图像进行处理与分析，将视频场景中的背景和移动目标分离，去除背景干扰，对运动人体进行多目标跟踪，根据人员出现的数量进行统计，一旦人员数量达到一定阈值，就自动保存相关图像数据，并进行预警。

应用场景：主要应用于车站、闸机、车厢等出入口处，用于人流统计、人流预警等应用，如图 1-3 所示。

图 1-3　人群流量统计

1.4.2　人群聚集检测技术

研究内容： 利用视频图像视觉技术获得对车站内和车厢内局部人群突发聚集或骚动的视频图像，并对图像进行处理与分析，去除背景干扰，分离出聚集或骚动人群目标。并根据图像中多个目标运动轨迹、运动的方向、人员的密度、停留时长等进行综合分析，一旦达到快速聚集的条件，自动产生预警。

应用场景： 主要用于车站大厅、候车站台、乘客通道、列车车厢等场景，对出现有人群快速聚集等情况进行检测应用，以防止拥堵、拥挤及安全事故的发生。突发人群聚集事件的发生会引来大量人员围观，从而导致事发地点人群密度突增以及交通阻塞，被监控区域的人群密度也会大幅度上升，因此人群密度可以作为判断群聚事件的一个重要指标，如图 1-4 所示。

图 1-4　人群聚集

1.4.3 人群散逃检测技术

研究内容：利用视频图像视觉技术获取在车站内局部人群突发骚动及突然逃逸的视频图像，并对图像进行处理与分析，去除背景干扰，分离出逃逸人群目标。进而根据在视频画面中多个目标运动轨迹、运动的方向、人员的密度、运动时长等进行综合分析，一旦达到快速逃散的条件，就自动产生预警。快速扩散检测对于恐慌逃散等人群团体异常状况具有重要的安全预警意义。由于人群聚散形态各异，因此人群恐慌逃散与正常聚散往往在视频图像帧中难以单独识别判定，这是快速扩散检测的研究难点。

应用场景：主要用于车站大厅、候车站台、乘客车厢等人员容易聚集的地方，对人群快速逃散进行检测，若发现异常情况则进行提前预警，如图 1-5 所示。

图 1-5　人群散逃

1.4.4 人群密度检测技术

研究内容：在人群异常行为图像研究中，人群密度检测主要是指统计指定区域中人流的数量。研究通过视频监控设备获取出现人流密集或人群拥堵的图像画面，去除背景和干扰，进而根据在视频画面中出现的人员数量值进行统计和分析。通过这个数量值可以实时监控指定区域的人流密度，当人流密度超过一定值时，即达到一定人流规模和密度条件，发出拥挤预警信号，以便及时采取疏散措施。研究的关键在于人群数量的正确识别，难点则在于场景中人群密集时，人体互相遮挡给检测带来较大干扰。

应用场景：主要应用于车站大厅、候车站台、列车车厢、乘客通道、楼梯扶梯等容易出现人流密集或拥堵的场所，如图 1-6 所示，对出现人流密集或拥堵情况进行预警。

图 1-6　人群密度分析

1.4.5　人员打架检测技术

研究内容：推搡、打架、斗殴行为在车站中时有发生，一般都会突发的对当事人造成伤害，对车站或车厢周围设备造成破坏及威胁乘客安全。其研究要点在于对当事人的打架行为进行识别和判断。在研究打架斗殴行为判别中，要将实际的打架斗殴特征和图像中人物目标团块的特征一一映射。人物目标在视频中就是一个个的像素团块，基于视频的打架斗殴检测的重点和关键就是分析出在发生打架斗殴现象时这些像素团块的运动特征（如运动速度、运动方向）、形态特征等。通过研究对运动特征、形态特征以及打架斗殴行为条件等来分析和判断打架斗殴行为是否发生和预警。

应用场景：主要在车站大厅、乘客车厢、候车站台等场所对人员打架等进行检测，以便让监控人员提前预知或发现一些异常情况，并及时警告或通知相关人员处理，如图 1-7 所示。

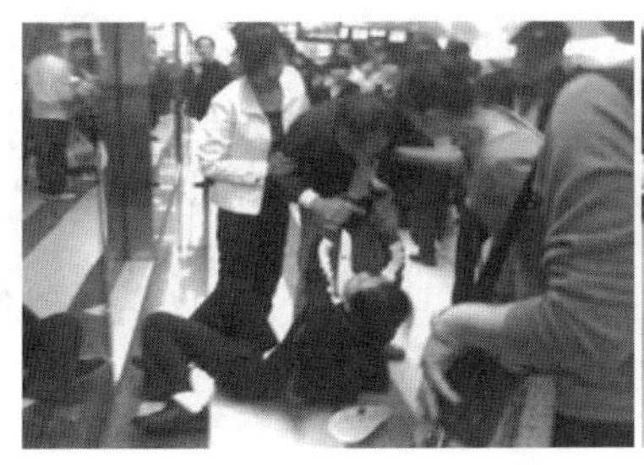 

图 1-7　打架检测

1.4.6 人员倒地检测技术

研究内容：通过视频监控设备获取目标图像，并根据在视频画面中疑似出现的人员倒地情况进行检测和分析。一旦达到人员倒地的条件，自动产生预警。人员倒地检测研究的要点在于分析人体形态的变化。

应用场景：主要应用于车站大厅、候车站台、乘客车厢、楼梯扶梯等场所，如图 1-8 所示。

图 1-8 人员倒地检测

1.4.7 人员徘徊检测技术

研究内容：对视频画面中移动目标的运动轨迹和时长等进行分析和判断，一旦出现长时间徘徊的情况，就进行报警。在异常徘徊检测中，通过获得目标轨迹特征进行判定是目前研究的主流方式，其关键在于提取特征进行判定。

应用场景：主要对车站大厅和候车站台等处的人员徘徊异常情况进行检测，如图 1-9 所示。

图 1-9 人员徘徊检测

1.4.8　快速奔跑检测技术

研究内容：与快速逃散检测类似，由于人员行走、跑步、快速奔跑等形态在单帧图像中是难以准确判定和识别的，因此这是研究的一个难点。同时在奔跑过程中还可能存在其他人员或人群的遮挡和干扰，这些都为研究带来了一定的困难，也是研究要考虑和解决的问题。

应用场景：主要用于车站大厅、候车站台、楼梯扶梯等场所对人员快速奔跑进行检测，如图 1-10 所示。

图 1-10　快速奔跑检测

1.4.9　不文明行为检测技术

研究内容：不文明行为主要是指在乘客车厢、站台站厅中出现的横卧、攀爬、随地丢垃圾、进食等问题。研究的要点就是分析出在发生不文明现象时，异常行为人员的运动特征、形态特征、姿势特征等。通过研究对运动特征、形态特征以及姿势特征等行为条件来分析和判断不文明行为是否发生。

应用场景：主要应用于乘客车厢、站台站厅等场所，如图 1-11 所示。

图 1-11　不文明行为检测

1.4.10 吸烟点火检测技术

研究内容：对烟火检测主要通过对烟雾、温度、光特性、图像等方面进行探测，在城市轨道交通中，除了智能视频之外，还有其他烟雾、消防、安全探测设备对烟火进行实时监测与预警。对于智能视频而言，对烟火检测是对其他安全设备的辅助，即在其他安全设备感知烟火之前能够通过智能视频快速监测到并预警，在烟火发生时可以检测烟火周围情况。因此研究要点一是检测烟火发生的及时预警，二是烟火产生时周围的情况分析。一般地，根据在视频画面中出现火焰、烟，以及通过热感成像技术，当热量达到一定阈值，就自动抓拍相关图片，并产生报警。

应用场景：主要在车站内、车厢内等处进行烟火检测，可与地铁的消防系统形成有效的互补，更早及时发现火烟情况，如图 1-12 所示。

图 1-12　吸烟点火检测

1.4.11 异常跨线检测技术

研究内容：视频跨线检测根据在视频画面中划定的特殊虚拟线，一旦有人跨越虚拟线，就自动抓拍相关图片，并产生报警。跨线检测的关键是判断乘客是否从黄线（警戒线）的一侧跨越到另一侧。

应用场景：主要应用于乘客站台、扶梯等场所的跨越黄线检测，如图 1-13 所示。

图 1-13　跨越黄线检测

1.4.12　人员区域入侵技术

研究内容： 入侵检测不仅支持对入侵目标进行定位，还应配合多级围界设置能够实现分级智能预警。入侵检测的理论基础源自运动目标检测，运动目标检测是全部视频系统实现视频监控智能分析最重要的环节之一，因此运动目标检测也是人员区域入侵技术中的重点。入侵检测不仅支持对入侵目标进行定位，还应配合多级围界设置能够实现分级智能预警。

应用场景： 主要应用于地铁车站、地铁车厢、地铁车辆段等特定区域安全防范，如图 1-14 所示。

图 1-14　区域入侵

1.4.13　人员翻越检测技术

研究内容： 对于车站电梯、闸机及车辆段等处进行人员翻越行为检测，由于翻越人员行为、动作、形态各异，对基于视频图像的正确判断和识别带来一定挑战，也是研究的难点。

应用场景：主要应用于车站电梯、闸机及车辆段等处进行人员翻越检测等应用，如图 1-15 所示。

图 1-15　翻越检测

1.4.14　人员图像追踪技术

研究内容：城市轨道交通公共安全的主要监控场所（站台、站厅、路口、通道等），都是复杂拥挤的环境。复杂和拥挤环境给目标追踪带来的主要挑战是：① 复杂背景和相似目标对被追踪目标造成干扰；② 拥挤环境造成目标之间频繁相互遮挡；③ 作为主要跟踪目标的行人具有高度非刚性形变（如弯腰、蹲下、打闹等）；④ 视频分辨率低造成细节信息丢失，区分目标困难。现有的追踪算法尚不能很好地解决上述问题来满足应用的需求。

应用场景：用于监控摄像设备，如图 1-16 所示。提供主从跟踪、定点追踪、指定目标跟踪、报警跟踪、自动选定物体跟踪、球机自动跟踪、混合跟踪等多种策略。

图 1-16　人员图像追踪

1.4.15　人群人脸抓拍技术

研究内容：人脸抓拍能够对经过设定区域的人员进行人脸检测和人脸跟踪，利用人脸质量评分算法能自动筛选出一张人的正面脸部信息最为清晰的人脸图像作为该人员的抓拍图像。并把人脸照片、抓拍地点、抓拍时间等信息上传到人脸管理库进行存储，进行统一存储，以方便后期的检索与查询。人脸抓拍关键在于人脸目标检测，一是要快速抓拍目标图像；二是要快速检测筛选出最佳目标图像。

应用场景：主要在地铁站出入口、安检处、售票机、闸机、电梯口、地铁车厢出入口等设置人脸抓拍功能，如图 1-17 所示。

图 1-17　人群人脸抓拍

1.4.16　人群人脸识别技术

研究内容：基于人的脸部特征，对输入的人脸图像或者视频流进行识别。先判断其是否存在人脸，如果存在人脸，则进一步给出每个脸的位置、大小和各个主要面部器官的位置信息。并依据这些信息，进一步提取每个人脸中所蕴含的身份特征，并将其与已知的人脸（人脸抓拍库/公安人脸库等）进行对比，从而识别每个人脸的身份。人脸识别关键在于特征提取和分类器的选择。

应用场景：主要应用于闸机入口，用于重点嫌疑人员识别和比对，以及从人员抓拍库中找到特定人员及活动轨迹等，如图 1-18 所示。

图 1-18　人脸识别

1.4.17　遗留物检测技术

研究内容： 遗留物是指由乘客或行人携带进车站或车厢，处于监控场景中，人物突然分离，并在场景中保持静止状态超过一定时间阈值的物体。遗留物检测的主要任务就是要对视频监控场景中的物品进行智能分析，从存在着大量无关人和物的复杂环境中准确分割出目标对象，及时做出报警。目前遗留物检测算法，主要有两类，一类是基于目标跟踪的方法，另一类是基于目标检测的方法。当前，影响正确识别的难点在于周围人员或人群的频繁遮挡或干扰。

应用场景： 主要应用于车站、车厢出入口等处，对遗留物，丢放易燃、易爆等物体进行检查，减少乘客损失或预防突发恐怖事件，如图 1-19 所示。

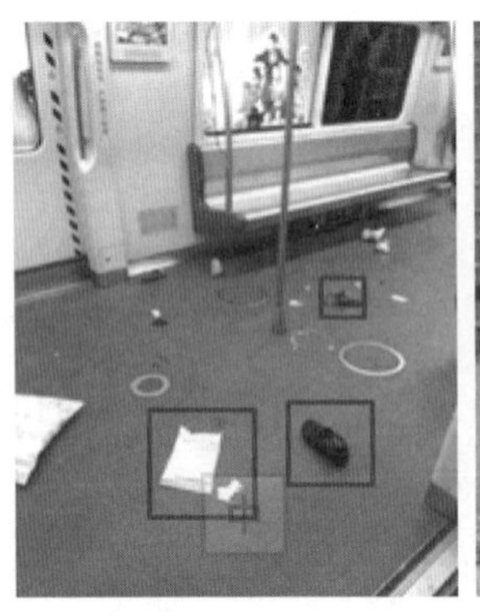

图 1-19　遗留物品检测

1.4.18　物体丢失检测技术

研究内容：物体丢失是指一直处于监控场景中受关注物体突然消失这种状态的一种预警。其研究要点一是对细小物品的检测和预警，二是对物品丢失相关嫌疑人员的识别。它对在视频画面中重点关注的物体划定虚拟的区域，当物体消失在划定区域时，就自动产生报警。

应用场景：主要对车站大厅、车厢等地方的重要物资、设置等进行检测应用，如图 1-20 所示。

图 1-20　物体丢失检测

1.5　人群异常行为图像研究思路和方法

随着“国家应急体系”“平安城市”等重大工程和项目在全国的不断推进，综合智能视频监控系统已经成为城市轨道交通安全管理的重要手段之一。为加强城市轨道交通规划、建设及安全管理，国家发改委针对轨道交通的规划、建设和安全管理出台了相关文件，特别强调安全生产与安全运营管理的重要性。使用先进的技防手段和信息化系统是保证城市轨道交通安全生产和管理的基础。如何建立城市轨道交通安防技防系统体系，并将 IP 高清视频监控的智能分析与软件管理平台与城市轨道交通综合安防管理平台相结合，打造城市轨道交通先进高效的综合安防管理系统是城市轨道交通领域的重要议题。

自从 2001 年广州地铁 3 号线在全国第一个实施综合监控系统以后，目前已经有 100 多条地铁线路采用该系统，综合监控系统实现了大发展。在具体实施过程中，系统不断完善，以满足地铁运营的需求，并逐步集成和互联了如视频监控、门禁系统、周界报警系统等安防子系统，为运营安防解决了一些问题，但都不完善，没有从安防的角度考虑需求，安防的自动化、信息化和智能化程度还很低，不能第一时间发现问题和进行处置，只能为事后查询提供支撑。因此，需要进一步深化研究基于综合监控系统平台的综合安防系统。

近年来，人工智能图像识别领域得到国内外媒体界、产业界和学术界等前所未有的关注，并且已经有众多突破性进展。其中最为重要的就是视频图像及其基础上的智能视频识别和分析技术。

由此可以看出，人群异常行为图像研究可以借助在现有轨道交通综合监控系统的基础上，对已获知的视频图像及其分析开展更进一步的图像分析和智能识别。对于轨道交通客流运输领域而言，对人群异常行为及其图像研究不仅仅是对图像处理算法与分析方法的研究，还涉及图像数据的获取、传输、存储等其他方面。虽然轨道交通综合监控系统并不是本书关注的重点，但是这里也给出了一种图像采集分析系统的设计思路和实现方法。

1.5.1 人群异常行为图像研究的思路

为了实现视频大数据中的人群异常行为的智能识别，首先需要构建视频及图像数据的采集、存储和处理平台，设计稳定性较好的视频并行处理框架，然后对治安监控视频大数据设计健壮性较好的并行算法来分布式挖掘出行人的相关信息，最后才能够依据这些信息的变化对异常群体性行为进行判断。因此，人群异常行为的视频图像数据信息的采集、存储和挖掘在轨道交通安全防治建设中起着至关重要的作用，非结构化的视频图像数据到结构化的异常行为信息数据的并行转换，不仅为群体性和突发性暴力行为的智能分析提供了依据，也为后端服务器视频数据的分析提供了基础。

目前，智能视频图像分析功能可选择在前端采集设备上或后端服务器实现。前端视频图像分析就是将智能视频分析算法集成到摄像机中，摄像机可以实现对获取视频图像的智能分析，这类摄像机被称为智能摄像机。基于后端服务器的智能视频分析是指将智能算法软件安

装在服务器中，视频数据由前端普通摄像机传入服务器，在服务器里对视频流进行图像分析和处理。

与传统的摄像机相比，智能摄像机好处是只将视频分析后认为有用的信息传递回服务器，因此得到越来越广泛的应用。然而智能摄像机和智能视频分析技术的出现，并没有完全解决目前城市轨道交通人群拥挤所带来的安全隐患和监测问题。由于在人群拥挤的情况下，摄像机所采集的视频图像非常复杂。一些关键信息自动识别和提取显得非常困难，如拥挤人群中的烟火识别就非常困难。这些制约了智能视频技术的进一步推广和发展。由此可见，在人群拥挤的情况下，智能视频分析的关键技术和算法有必要进行更深入的研究，以便提出更为适合的解决方案。

国家、政府、地铁建设和运营单位对安全越来越重视，对安防和视频监控系统的要求越来越高，摄像头越来越多，视频监控人员的负担也越来越重。虽然安装了大量的摄像头和监视器，但自动化、信息化和智能化的程度还是非常低，无法第一时间发现问题，多数情况只是起到事后查询和分析的作用，因此，这种现状迫切需要改变。

视频技术的出现帮我们极大提高了采集信息和存储信息的效率，但同时也严重影响了我们分析信息的效率。当无法从海量数据中提取出有价值的东西时，就失去了我们当初采集数据的意义，智能视频技术就是要解决这个矛盾。

需要研究解决的问题有：① 城市轨道交通需要建立线网、线路和车站三级综合安防监控管理中心和安防监控管理系统平台。传统的安防管理平台是独立与综合监控系统，安防管理的业务流程、设备告警、联动处理无法与运营业务相结合，接口复杂。因此，可利用综合监控系统分布式架构技术接入安防子系统，实现与安防系统各业务系统的设备告警及业务联动。② 以“事件驱动”为核心业务，联动视频检测、视频监控、安全运营、安全运维的完整业务流程。基于分布式联动处理技术将根据联动功能进行分解，把以往综合监控系统的串行处理的实现方式变为并行处理的实现方式，从而大大提升了系统对报警数据的处理速度和处理能力，且报警系统易于扩展，适用于不同分层形式的系统架构。

1.5.2 人群异常行为图像研究的方法

根据上述思路，我们提出了一种可以应用于轨道交通客流运输的视频图像采集分析系统，具体设计如下：

1. 整体架构设计

如图 1-21 所示，系统分为两部分建设：中心管控平台、人员卡口前端。具体由人员卡口摄像机、人员卡口分析系统、视频监控平台、存储设备、移动设备、客户端等组成。

其中人员卡口前端具体分为两大系统，包括视频监控系统和行为采集系统。视频监控系统可以对视频流进行实时录像，在后期出现异常情况可以帮助查阅，还原事实；行为系统可以采集人员异常行为图像信息，然后进入图像库进行比对分析。

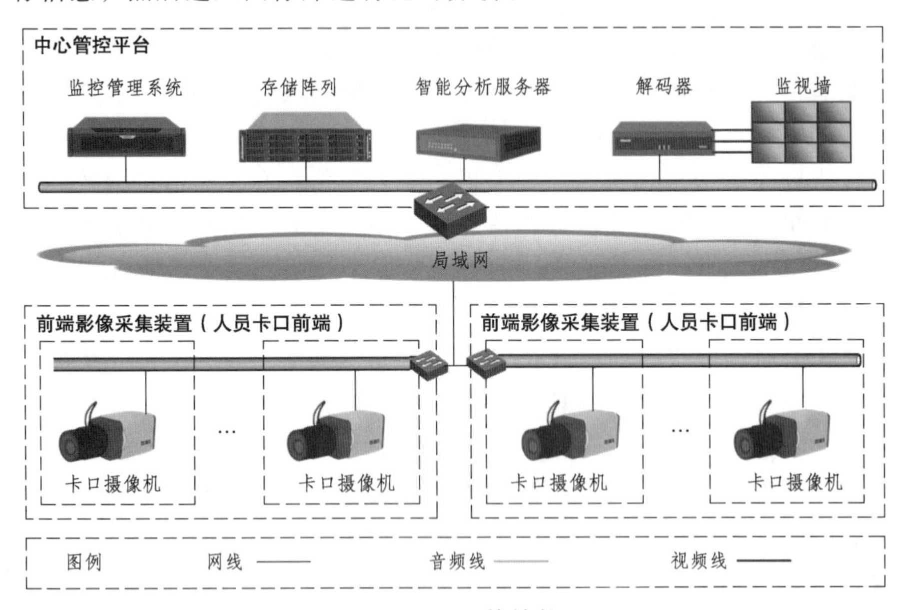

图 1-21　拓扑结构

（1）人员卡口摄像机：前端采用人员卡口智能高清网络摄像机。人员卡口智能高清网络摄像机集成人员卡口智能分析算法，对经过设定区域的双向通行的行人进行人脸检测、人员检测，并进行人员目标的跟踪，形成该行人的特定轨迹，然后利用人脸质量评分算法从人脸

轨迹中筛选出最为清晰的人脸图像作为该行人的抓拍图像；同时还可实现高清网络摄像机对监控视频的图像采集、编码等功能。

（2）人员卡口分析系统：该分析系统高度整合了人员属性分析服务器、人脸比对服务器、数据库服务器、中心管理服务器以及人员卡口应用服务器。整套系统可以按前端摄像机对人脸进行布防，每个前端摄像机可以单独配置黑名单数据库，实现单独布防。人脸匹配服务器主要是利用人脸识别算法对抓拍到的人脸图像进行建模，同时与黑名单数据库中的人脸模型进行实时比对，如果人脸的相识度达到设定报警阈值，系统自动可通过消息提示等方式进行预警，提醒监控管理人员。

（3）监控管理平台：管理前端人员卡口摄像机，统一配置管理，并将前端人员卡口摄像机采集的码流存储到磁盘陈列等存储设备上。

（4）存储设备：系统可以根据不同的规模和实际环境选择 NAS 或 IPSAN 等。或设置单独的数据库服务器专门存储人脸系统的数据。

（5）客户端：客户端可以实现前端人员卡口摄像机、人员卡口分析系统的配置和管理。客户端还可以实现对前端人员卡口摄像机监控图像的预览、分析结果的展示、抓拍信息的检索、报警信息的查看等操作。

2. 中心管控平台设计

中心管控平台包含监控管理平台、存储阵列、智能分析服务器等设备。监控管理平台主要实现各出入口人员卡口网络摄像机集中管理、控制，并实现用户的登录认证、权限管理等。存储阵列可以实现图像数据存储 3 个月。智能分析服务器将前端人脸比对摄像机采集到的图片信息与已有图像库中的人员进行比对，判断图像信息，输出人员特征信息。

3. 存储系统设计

数据的存储对监控系统来说是非常重要的，特别是事后取证时对录像进行调览等操作决定着应对突发事件的处理效率。针对本方案，建议采用集中存储方式，在监控中心对前端所有监控点进行录像的集中存储。针对本方案的存储特点做如下介绍：

（1）在控制中心部署存储系统，实现集中存储。

（2）采用 RAID5 等存储技术，提高数据存储的安全性、可靠性。

（3）基于 IP 网络进行存储，实现随时随地调看存储资料。

智能分析系统设计将前端人脸比对摄像机抓拍的图像传输到智能分析服务器上进行比对分析。

图像库是人脸识别、对比分析的资源库，需要将人员图片录入图像库中，并按照人员信息将人脸图片信息进行归类。当该人员进出时，系统将人脸比对摄像机抓拍到的人脸图片和该系统中的图像库进行比对，输出人员信息和图像库中存在的人员图片。

4. 前端影像采集设计

（1）前端部署架构：针对具体人员卡口监控点位的实际情况，摄像机设备部署于监控立杆，网络传输设备、光纤盒、防雷器、电源等部署于室外智能机箱。前端部署架构图如图 1-22 所示。

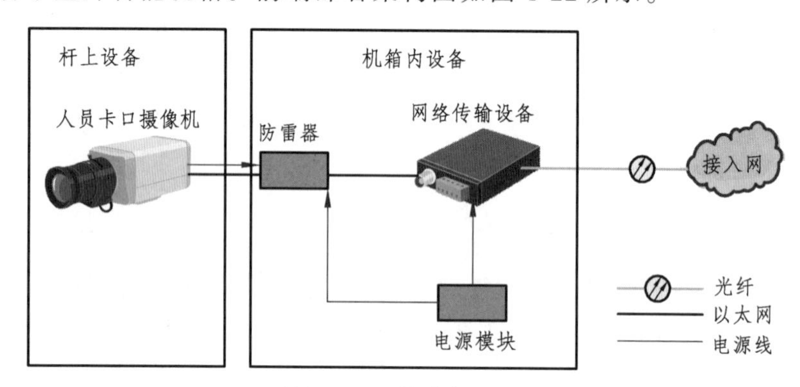

图 1-22　前端部署图

（2）前端科学布点：应充分考虑各部门应用需求，采用科学、合理的布点规划方法，对人员卡口系统的建设进行统一规划，实现对重点区域、重点场所、重要部位人员进出通道的全覆盖，构建严密的卡口防控体系。

人员卡口系统前端点位分布在宿舍门口，实际安装的位置非常重要，直接关系到抓拍的实际效果，因此应充分考虑布局选点的针对性、关联性以及整体效果。

现有各类视频监控系统，其摄像机的画面基本都是针对较大范围

场景监控，对于人员卡口摄像机而言，则是要让画面主要反映人员的脸部细节，并对人脸尺寸、清晰度、姿态角度有一定要求。

① 选择大多数情况下能正对人脸的方向，不宜过于偏左或偏右，左右不能超过 30°，上下不能超过 25°。人脸在画面中的尺寸最小 80×80 个像素，建议大于 100×100 像素。

② 保证人脸在镜头中为正面，故俯冲角要小，尽量不超过 15°；并选择合适的水平安装距离和垂直安装高度，一般建议架设高度为 2.5~6 m。

③ 室内环境下，避开逆光，防止画面中出现门外的强泛光，或是强灯光，或是墙面/镜面/光亮地面的强反光；为此，可考虑一些措施，例如适当摆动摄像机，或是加外物使反光面不直接反光。

另外，为保证抓拍人脸效果，应尽量保证场景中光线均匀柔和，若镜头画面中人脸不够亮时，需根据现场情况适当增加照明设备，以便人员脸部照度能达到 200 lux。

第 2 章

人群异常行为图像预处理方法

【本章引言】

对于一个数字图像处理系统来说，一般可以将处理流程分为3个阶段。在获取原始图像后，首先是图像预处理阶段，其次是特征抽取阶段，最后才是识别分析阶段。预处理阶段尤为重要，这个阶段处理不好则会直接导致后面的工作无法展开。

在轨道交通客流运输中，综合视频监控系统是客流运输安全监管和保障的重要信息化手段之一，因此对人群异常行为分析和研究的主要图像数据来源于视频数据。通常，在进行人群异常行为的细节分析和具体判断之前，往往需要对这些视频数据进行一些数据转换、数据运算、数据标示、数据封装等预处理，因此本章主要对轨道交通人群异常行为图像研究的常用预处理技术进行介绍和描述。

轨道交通人群异常行为图像研究的常用预处理技术主要有视频数据的获取与转换、视频画面像素处理与分析、视频图像的运算处理（如帧差分计算）、图像目标的标示、数据的封装与存储等。

在这里，我们主要根据人群异常行为及姿态研究的需要，介绍了轨道交通人群异常行为视频图像的一些常用的预处理技术和方法。并对图像色彩空间转换、直方图分析、图像运算处理、图像中图形绘制、图像数据封装等技术进行探索，提出了基于色彩空间变换的图像处理与分析、图像直方图均衡化处理、图像中图

形标示、图像数据三维封装等预处理方式，为人群异常行为图像研究的预处理方式提供了参考和借鉴。

【内容提要】

2.1　图像色彩空间转换
2.2　图像直方图分析
2.3　图像运算处理
2.4　图像中图形绘制与标示
2.5　图像数据三维封装

2.1 图像色彩空间转换

通过综合视频监控系统获取的视频数据，一般情况下，大多为彩色视频数据，因此在进行图像分析之前，往往先对视频中的目标画面进行图像截取和色彩分析，以便快速地得到目标人物的一些具体特征信息（如人脸特征、服饰色彩、行李颜色等）（陈林，2017；谬丽姬，2015；亓骏唯，2015）。这些特征信息的提取、处理和分析可以采用图像色彩空间转换实现，以下我们将介绍人群异常行为图像研究中一些常用的颜色空间模型，以及不同颜色模型空间的转换方法。

2.1.1 色彩空间模型技术

1. RGB 颜色空间模型

RGB 颜色空间采用 R（Red，红色）、G（Green，绿色）、B（Blue，蓝色）等物理三基色为基础，利用这三种基本色进行不同程度的叠加，从而产生丰富的色彩颜色空间，因此又被称为三基色模型。RGB 模式可表示多达一千六百多万种不同的颜色。在人眼看来，这已经非常接近大自然的颜色，就像自然界中的任何颜色都可以由红、绿、蓝三种色光混合而成，所以 RGB 模式又被称为自然色彩模式。事实上，现实生活中人们见到的颜色大多也都是混合而成的色彩颜色。

RGB 颜色空间典型的应用是显示器和扫描仪，例如使用彩色阴极射线管、彩色光栅图形的显示器使用 R、G、B 数值来驱动对应颜色的电子枪发射电子，分别激发荧光屏上 R、G、B 三种颜色的荧光粉发出不同亮度的光线，从而相加混合产生各种颜色。所以，RGB 颜色空间常用于视频、多媒体以及网页设计。扫描仪则是通过吸收扫描原稿经反射或透射所发送来的光线中的 R、G、B 成分，来表示扫描稿件的色彩颜色。RGB 色彩空间称为与设备相关的色彩空间,因为不同的扫描仪扫描同一幅图像，会得到不同色彩的图像数据；不同型号的显示器显示同一幅图像，也会有不同的色彩显示结果。

在 RGB 颜色空间中，每一种颜色按其亮度的不同分为 256 个等级。当三原色重叠时，由于不同的混色比例能产生各种不同颜色，所以 RGB 模式是加色过程。对图像处理而言，RGB 是重要和常见的颜色模型，我们可以在笛卡儿坐标系中建立 RGB 颜色空间模型，以红、绿、蓝等三种基本色为基础，按不同比例的混合叠加，产生一个五彩斑斓的空间模型。如图 2-1 所示，用一个单位长度的立方体来表示 RGB 颜色空间模型，其中黑、蓝、绿、青、红、紫、黄、白等 8 种常见颜色分别位居立方体的 8 个顶点，我们将黑色置于三维直角坐标系的原点，红绿蓝分别置于 3 根坐标轴上，把立方体放在第一象限内。三原色取值范围设置为 R（0~255）、G（0~255）、B（0~255），将其归一化处理后就可以得到 0~1 的数值。由于三原色每个灰度级都被定为 256，所以红、绿、蓝等分量组合起来总共可表示 16 777 216 种不同的颜色。它已经比人眼能分辨的颜色种类多得多。因此，用 RGB 颜色空间来近似表达自然界中的颜色是足够用的。

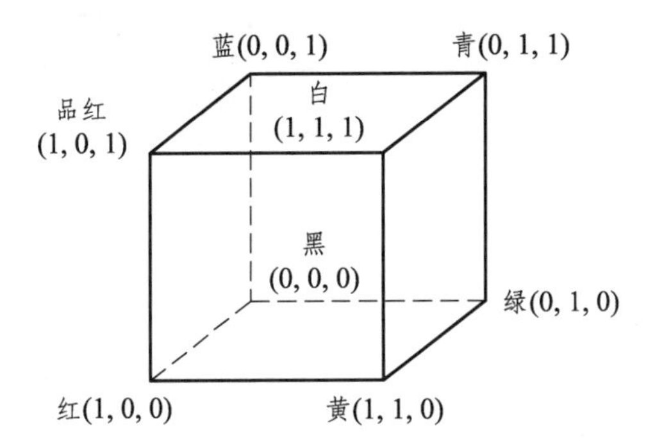

图 2-1 笛卡儿坐标系中的 RGB 颜色空间模型

在 RGB 颜色空间模型中，对任意色光 F，可以用 RGB 三种颜色以不同比例分量混合相加而成，其计算公式如下

$$F = r[\mathrm{R}] + g[\mathrm{G}] + b[\mathrm{B}] \tag{2-1}$$

其中，r、g、b 为比例系数，$r[\mathrm{R}]$、$g[\mathrm{G}]$、$b[\mathrm{B}]$为三色分量。

RGB 颜色空间模型规则：

（1）通过 R、G、B 这三种颜色能产生任何颜色，并且这三种颜色混合后产生的颜色是唯一的。

（2）如果两个颜色相等，这三个颜色分量再乘以或者除以相同的数，得到的颜色仍然相等。

（3）混合色的亮度等于每种颜色亮度的和。

如图 2-2 所示，RGB 颜色空间的色彩还可以用一个三维的立方体来描述。从这个三维立方体可以看出，RGB 颜色空间最大的优点就是直观，容易理解。

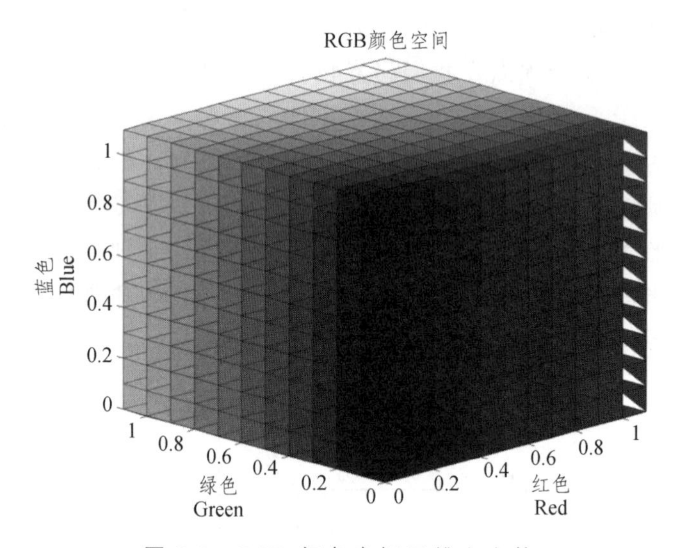

图 2-2　RGB 颜色空间三维立方体

然而，RGB 颜色空间也有其缺点。一是 RGB 颜色空间采用物理三基色表示，虽然物理意义很清楚，适合显示器中彩色显像管工作，但是这一模型并不适应人的视觉特点。二是 R、G、B 这 3 个分量是高度相关的，即如果一个颜色的某一个分量发生了一定程度的改变，那么这个颜色很可能要发生改变。三是人眼对于常见的红绿蓝三色的敏感程度是不一样的，因此 RGB 颜色空间的均匀性非常差，且两种颜色之间的知觉差异色差不能表示为该颜色空间中两点间的距离。因此有时候需要利用线性或非线性变换，将 RGB 颜色空间转换到其他颜色空间。

程序 2-1 展示了图像 RGB 颜色空间模型的效果。

```
#程序 2-1：RGB 颜色空间模型
import cv2
```

```
import numpy as np
from matplotlib import pyplot as plt
filename = 'climb.png'
img_bgr = cv2.imread(filename, cv2.IMREAD_COLOR)
img_b = img_bgr[..., 0]
img_g = img_bgr[..., 1]
img_r = img_bgr[..., 2]
fig = plt.gcf()
fig = plt.gcf()
fig.set_size_inches(10, 15)
plt.rcParams['font.sans-serif'] = ['SimHei']
plt.rcParams['axes.unicode_minus'] = False
plt.subplot(221)
plt.imshow(np.flip(img_bgr, axis=2))
plt.axis('off')
plt.title('原图 RGB 色彩模式')
plt.subplot(222)
plt.imshow(img_r, cmap='gray')
plt.axis('off')
plt.title('R 分量')
plt.subplot(223)
plt.imshow(img_g, cmap='gray')
plt.axis('off')
plt.title('G 分量')
plt.subplot(224)
plt.imshow(img_b, cmap='gray')
plt.axis('off')
plt.title('B 分量')
plt.show()
```

程序运行效果如图 2-3 所示。

（a）原图 RGB 色彩模式

（b）R 分量

（c）G 分量

（d）B 分量

图 2-3　RGB 颜色空间模型的效果

2. HSV 颜色空间模型

HSV（Hue 色调、Saturation 饱和度、Value 明度）是根据颜色的直观特性创建的一种颜色空间模型，也被称为六角锥体模型（Hexcone Model）。与 RGB 颜色空间采用物理三基色 RGB 不同，HSV 颜色空间模型采用色调 H、饱和度 S、明度 V 等为参数。

色调 H 表示色彩信息（所处光谱颜色的位置），用角度度量，取值范围为 0° ~ 360°。色调 H 以红色开始按逆时针方向计算，分别设置红色为 0°、绿色为 120°、蓝色为 240°、黄色为 60°、青色为 180°、品红为 300°。

饱和度 S 表示颜色接近光谱色的程度。一种颜色，可以看成是某

种光谱色与白色混合的结果。其中光谱色所占的比例愈大，颜色接近光谱色的程度就愈高，颜色的饱和度也就愈高。饱和度高，颜色则深而艳。光谱色的白光成分为 0，饱和度达到最高。通常取值范围为 0%～100%，值越大，颜色越饱和。

明度 V 表示颜色明亮的程度，对于光源色，明度值与发光体的光亮度有关。对于物体色，此值和物体的透射比或反射比有关，取值范围为从 0%（黑）至 100%（白）。

HSV 颜色空间模型的三维表示从 RGB 立方体演化而来。若从 RGB 沿立方体对角线的白色顶点向黑色顶点观察，就可以看到立方体的六边形外形。六边形边界表示色调 H，水平轴表示饱和度 S，明度 V 沿垂直轴测量，如图 2-4 所示。

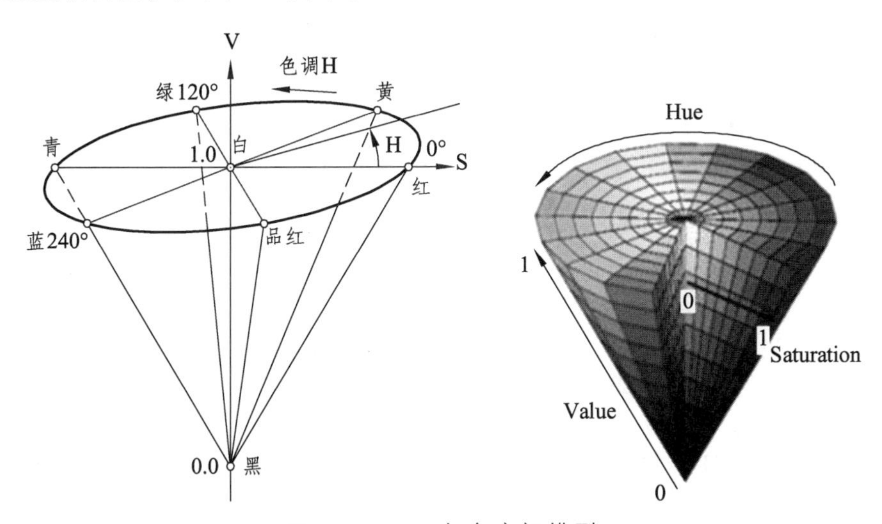

图 2-4　HSV 颜色空间模型

事实上，HSV 是一种将 RGB 色彩空间中的点在倒圆锥体中的表示方法（即用一个圆锥空间模型来描述），如图 2-4 所示。其中在圆锥的顶点处，V=0，H 和 S 无定义，表示黑色；圆锥的顶面中心处 V=100%，S=0，H 无定义，表示白色。

与 RGB 颜色空间模型面向硬件、RGB 颜色分量取值与生成颜色之间联系的不直观不同，HSV 颜色空间模型是面向用户的。HSV 色彩模式更接近于人类感知颜色的方式，如颜色判断、色彩深浅、色泽明暗等。

程序 2-2 展示了图像 HSV 颜色空间模型的效果。

```
#程序 2-2：HSV 颜色空间模型
import cv2
import numpy as np
from matplotlib import pyplot as plt
filename = 'climb.png'
img_bgr = cv2.imread(filename, cv2.IMREAD_COLOR)
img_hsv = cv2.cvtColor(img_bgr, cv2.COLOR_BGR2HSV)
img_h = img_hsv[..., 0]
img_s = img_hsv[..., 1]
img_v = img_hsv[..., 2]
fig = plt.gcf()
fig.set_size_inches(10, 15)
plt.rcParams['font.sans-serif'] = ['SimHei']
plt.rcParams['axes.unicode_minus'] = False
plt.subplot(221)
plt.imshow(img_hsv)
plt.axis('off')
plt.title('HSV 模型')
plt.subplot(222)
plt.imshow(img_h, cmap='gray')
plt.axis('off')
plt.title('H 分量')
plt.subplot(223)
plt.imshow(img_s, cmap='gray')
plt.axis('off')
plt.title('S 分量')
plt.subplot(224)
plt.imshow(img_v, cmap='gray')
plt.axis('off')
plt.title('V 分量')
plt.show()
```

程序运行效果如图 2-5 所示。

（a）HSV 模型

（b）H 分量

（c）S 分量

（d）V 分量

图 2-5　HSV 颜色空间模型的效果

3. YUV 颜色空间模型

YUV（亦称 YCrCb）是欧洲电视系统所采用的一种颜色编码方法。在现代彩色电视系统中，通常采用三管彩色摄像机或彩色 CCD 摄影机进行取像，然后把取得的彩色图像信号经分色、分别放大校正后得到 RGB，再经过矩阵变换电路得到亮度信号 Y 和两个色差信号 R-Y（即 U）、B-Y（即 V），最后发送端将亮度和两个色差总共三个信号分别进行编码，用同一信道发送出去。这种色彩表示方法被称为 YUV 颜色空间模型。采用 YUV 颜色空间的作用是它的亮度信号 Y 和色度信号 U、V 是分离的。如果只有 Y 信号分量而没有 U、V 信号分量，那么这样的图像就呈现为黑白灰度图像。由此可知，欧洲电视系统采用 YUV 颜色空间是为了用亮度信号 Y 解决彩色电视机与黑白电视机的兼容问题，使黑白电视机也能接收彩色电视信号。

YUV 的出现，主要用于优化彩色视频信号的传输，使其能够兼容老式黑白电视。与 RGB 视频信号传输相比，它的优点在于只需占用极少的频宽（RGB 要求三个独立的视频信号 R、G、B 同时传输）。其中“Y”表示明亮度，即灰阶值；而“U”和“V”表示的是色度，作用是描述影像色彩及饱和度，用于指定像素的颜色。“亮度”是透过 RGB 输入信号来建立的，方法是将 RGB 信号的特定部分叠加到一起。“色度”则定义了颜色的两个方面：色调与饱和度，分别用 Cr 和 Cb 来表示。其中，Cr 反映了 RGB 输入信号红色部分与 RGB 信号亮度值之间的差异，而 Cb 反映的是 RGB 输入信号蓝色部分与 RGB 信号亮度值之间的差异。

程序 2-3 展示了图像 YUV 颜色空间模型的效果。

```
#程序 2-3：YUV 颜色空间模型
import cv2
import numpy as np
from matplotlib import pyplot as plt
filename = 'climb.png'
img_bgr = cv2.imread(filename, cv2.IMREAD_COLOR)
img_yuv = cv2.cvtColor(img_bgr, cv2.COLOR_BGR2YUV)
img_y = img_yuv[..., 0]
img_u = img_yuv[..., 1]
img_v = img_yuv[..., 2]
fig = plt.gcf()
fig.set_size_inches(10, 15)
plt.rcParams['font.sans-serif'] = ['SimHei']
plt.rcParams['axes.unicode_minus'] = False
plt.subplot(221)
plt.imshow(img_yuv)
plt.axis('off')
plt.title('YUV 模型')
plt.subplot(222)
plt.imshow(img_y, cmap='gray')
plt.axis('off')
plt.title('Y 分量')
plt.subplot(223)
plt.imshow(img_u, cmap='gray')
```

```
plt.axis('off')
plt.title('U 分量')
plt.subplot(224)
plt.imshow(img_v, cmap='gray')
plt.axis('off')
plt.title('V 分量')
plt.show()
```

程序运行效果如图 2-6 所示。

（a）YUV 模型

（b）Y 分量

（c）U 分量

（d）V 分量

图 2-6　YUV 颜色空间模型的效果

4. Lab 颜色空间模型

Lab 颜色模型是一种基于人对颜色的感觉模型。Lab 中的数值描述正常视力的人能够看到的所有颜色。因为 Lab 描述的是颜色的显示方式，而不是设备（如显示器、打印机、数码相机）生成颜色所需的特定色料数量，所以 Lab 被视为与设备无关的颜色模型。

Lab 色彩模型是由亮度 L 和有关色彩的 a、b 等三个要素组成。L 表示明度（Luminosity），a 表示从洋红色至绿色的范围，b 表示从黄色至蓝色的范围。L 的值由 0 到 100，当 L=50 时，就相当于 50%的黑。a 和 b 的值域都是由+127~−128，其中+127a 是红色，−128a 是绿色；+127b 是黄色，−128b 是蓝色。在 Lab 颜色空间中，所有颜色以这三个值交互变化组成。例如，当 Lab 值为 L=100，a=30，b=0，颜色为粉红色。

Lab 这种色彩模式对于调整图片清晰度方面是很有帮助的。实现一种效果有多种方式，这里介绍一种最简便易行而且比较普遍的方法。

Lab 颜色空间模型除了不依赖于设备的优点外，还具有色域宽阔的优势。它不仅包含了 RGB、CMYK 的所有色域，还能表现它们不能表现的色彩。而人眼能感知的色彩，都可以通过 Lab 模型表现出来。此外，Lab 空间模型还能够弥补了 RGB 空间颜色模型色彩分布不均的问题。如果想在数字图像处理中保留尽量宽阔的色域和丰富的色彩，可以考虑选择 Lab。

程序 2-4 展示了图像 Lab 颜色空间模型的效果。

```
#程序 2-4：Lab 颜色空间模型
import cv2
import numpy as np
from matplotlib import pyplot as plt
filename = 'climb.png'
img_bgr = cv2.imread(filename, cv2.IMREAD_COLOR)
img_lab = cv2.cvtColor(img_bgr, cv2.COLOR_BGR2LAB)
img_l = img_lab[..., 0]
img_a = img_lab[..., 1]
img_b = img_lab[..., 2]
fig = plt.gcf()
fig.set_size_inches(10, 15)
plt.rcParams['font.sans-serif'] = ['SimHei']
plt.rcParams['axes.unicode_minus'] = False
plt.subplot(221)
plt.imshow(img_lab)
plt.axis('off')
```

```
plt.title('Lab 模型')
plt.subplot(222)
plt.imshow(img_l, cmap='gray')
plt.axis('off')
plt.title('L 分量')
plt.subplot(223)
plt.imshow(img_a, cmap='gray')
plt.axis('off')
plt.title('a 分量')
plt.subplot(224)
plt.imshow(img_b, cmap='gray')
plt.axis('off')
plt.title('b 分量')
plt.show()
```

程序运行效果如图 2-7 所示。

（a）Lab 模型

（b）L 分量

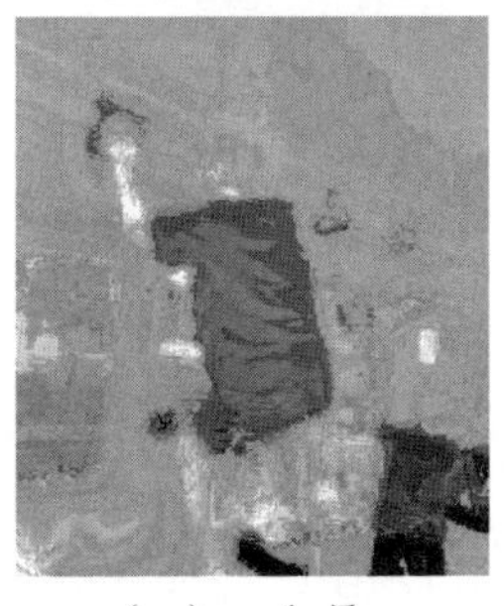

（c）a 分量

（d）b 分量

图 2-7　Lab 颜色空间模型的效果

5. CMYK 颜色空间模型

CMYK 颜色空间模型是彩色印刷时采用的一种套色模式，因此又被称为印刷四色模式。它利用印刷色料的三原色混色原理，再加上黑色油墨，将四种颜色混合叠加，形成“全彩印刷”。这四种颜色分别是青色 C(Cyan)、品红色 M(Magenta)、黄色 Y(Yellow)、黑色 K(blacK)。

与 RGB 颜色空间模型一样，CMYK 颜色空间模型也是面向硬件的（CMYK 也被称作印刷色彩模式，应用于印刷的一种色彩模式）。但是它和 RGB 模式相比也有不同，RGB 模式是一种发光的色彩模式（应用于显示，显示器上的 RGB 色彩效果是发光的），而 CMYK 是一种依靠反光的色彩模式，例如阅读杂志、报刊时，我们是通过由阳光或灯光照射到报刊的发射光进入眼中，才看到内容的，因此它需要有外界光源。

因此，在屏幕上显示的图像一般认为是 RGB 模式表现的。在印刷品上看到的图像一般就是 CMYK 模式表现的，就像期刊、杂志、报纸、宣传画等，都属于印刷品，采用的就是 CMYK 颜色空间模式。实际上，在印刷行业，通过 CMYK（即青、洋红、黄、黑）四种色彩混合叠加，可以在印刷中呈现成千上万种色彩。

2.1.2 色彩空间模型的变换

在人群异常行为图像研究中，视频图像一般处于 RGB 模式。但有时会根据图像处理和分析的需要，进行各种图像色彩空间的转化。例如需要针对某一颜色的图像目标区域进行追踪时，我们可以把 RGB 颜色空间模式转换到 HSV 颜色空间模型里面来处理。

下面我们将对色彩空间模型变换中常用方法和变换公式进行介绍。

1. RGB 和 YUV 的相互转换

设 r、g、b 为 RGB 颜色空间模型中的三个分量，y、u、v 为 YUV 颜色空间模型中的三个分量，则它们之间的转化方法及计算公式分别如公式（2-2）、（2-3）所示。

1）RGB 转化为 YUV

$$\begin{cases} y = 0.299r + 0.587g + 0.114b \\ u = -0.147r - 0.289g + 0.436b \\ v = 0.615r - 0.515g - 0.100b \end{cases} \tag{2-2}$$

2）YUV 转化为 RGB

$$\begin{cases} r = y + 1.14v \\ g = y - 0.39u - 0.58v \\ b = y + 2.03u \end{cases} \tag{2-3}$$

2. RGB 和 HSV 的相互转换

设 RGB 颜色空间模型中的三个分量分别为 r、g 和 b，HSV 颜色空间模型的三个分量为 h、s 和 v，则它们之间的转化方法如公式（2-4）、（2-5）、（2-6）所示。

1）RGB 转化为 HSV

设 r、g 和 b 中的最大值为 max，最小者为 min，则 HSV 颜色空间中对应的(h,s,v)值为

$$h = \begin{cases} 0^\circ & \text{if } max = min \\ 60^\circ \times \dfrac{g-b}{max-min} + 0^\circ, & \text{if } max = r \text{ and } g \geqslant b \\ 60^\circ \times \dfrac{g-b}{max-min} + 360^\circ, & \text{if } max = r \text{ and } g < b \\ 60^\circ \times \dfrac{b-r}{max-min} + 120^\circ, & \text{if } max = g \\ 60^\circ \times \dfrac{r-g}{max-min} + 240^\circ, & \text{if } max = b \end{cases} \tag{2-4}$$

$$s = \begin{cases} 0, & \text{if } max = 0 \\ \dfrac{max-min}{max} = 1 - \dfrac{min}{max}, & \text{otherwise} \end{cases}$$

$$v = max$$

其中，h 在 0 到 360°之间，s 在 0 到 100%之间，v 在 0 到 max 之间。

2）HSV 转化为 RGB

$$\begin{aligned} h_i &\equiv \left\lfloor \frac{h}{60} \right\rfloor \pmod 6 \\ f &= \frac{h}{60} - h_i \\ p &= v \times (1-s) \\ q &= v \times (1 - f \times s) \\ t &= v \times [1-(1-f) \times s] \end{aligned} \tag{2-5}$$

其中，对于每个颜色向量(r,g,b)

$$(r,g,b) = \begin{cases} (v,t,p), & \text{if } h_i = 0 \\ (q,v,p), & \text{if } h_i = 1 \\ (p,v,t), & \text{if } h_i = 2 \\ (p,q,v), & \text{if } h_i = 3 \\ (t,p,v), & \text{if } h_i = 4 \\ (v,p,q), & \text{if } h_i = 5 \end{cases} \tag{2-6}$$

3. 颜色空间转换的实现

程序 2-5 给出了 RGB 颜色空间模型转换为 GRAY（灰度空间）、HSV、YUV 的程序实现代码。

```
#程序 2-5：色彩空间转换实现
import cv2 as cv
def color_space_demo(img):
        gray =   cv.cvtColor(img, cv.COLOR_BGR2GRAY) #RGB 转换为 GRAY
        cv.imshow("gray", gray)
        hsv = cv.cvtColor(img, cv.COLOR_BGR2HSV) #RGB 转换为 HSV
        cv.imshow("hsv", hsv)
        yuv = cv.cvtColor(img, cv.COLOR_RGB2YUV) #RGB 转换为 YUV
        cv.imshow("yuv",yuv)
src = cv.imread(filename)
cv.namedWindow('first_image', cv.WINDOW_AUTOSIZE)
```

```
cv.imshow('first_image', src)
color_space_demo(src)
cv.waitKey(0)
cv.destroyAllWindows()
```

运行效果如图 2-8、图 2-9 所示。

（a）原图

（b）灰度图

（c）HSV

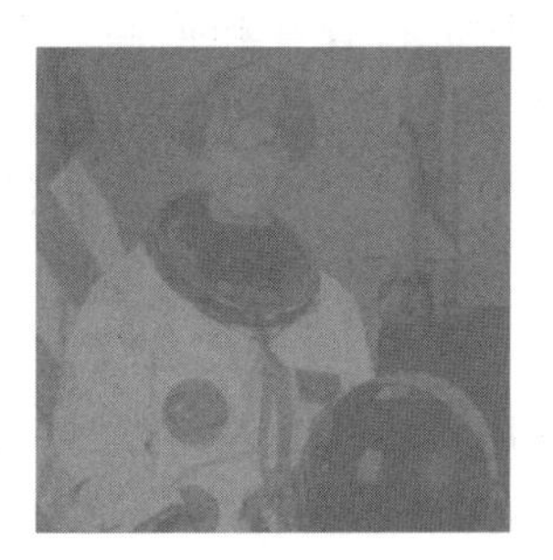

（d）YUV

图 2-8　颜色空间转化效果

（a）原图

（b）灰度图

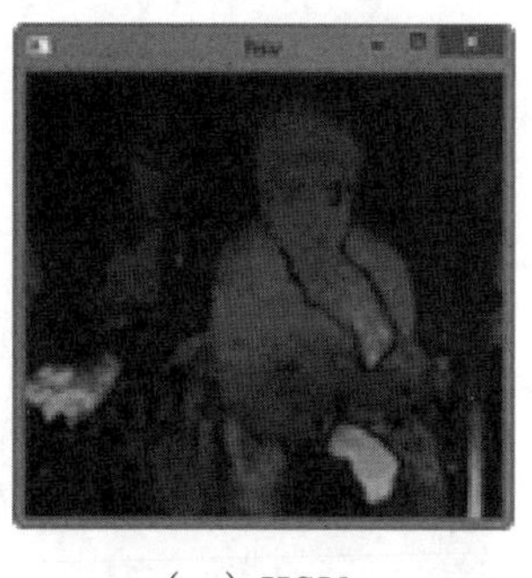

（c）HSV

（d）YUV

图 2-9　车厢内吸烟行为图像的颜色空间转化效果

2.1.3　色彩空间变换的应用

实际应用中，我们可以利用图像颜色空间模型的转换实现对某些图像特征进行查找和追踪。例如我们可以将图像从 RGB 颜色空间转换到 HSV 颜色空间，通过调节颜色信息 H、饱和度 S、亮度 V 的区间，选定某种特定颜色在视频图像中对该颜色进行追踪标示。

1. 实现对图像中某一颜色的跟踪

程序 2-6 展示了利用图像颜色空间模型的转换实现对图像中某一颜色跟踪的效果。

```
#程序 2-6：色彩空间转换实现跟踪某一颜色
import cv2
import numpy as np
img = cv2.imread(filename)
hsv = cv2.cvtColor(img, cv2.COLOR_RGB2HSV)
lower_hsv = np.array([0, 0, 221])
upper_hsv = np.array([180, 30, 255])
rst = cv2.inRange(hsv, lower_hsv, upper_hsv)
cv2.imshow("origin", img)
cv2.imshow("result", rst)
cv2.waitKey(0)
```

```
cv2.destroyAllWindows()
```

运行结果如图 2-10 所示。

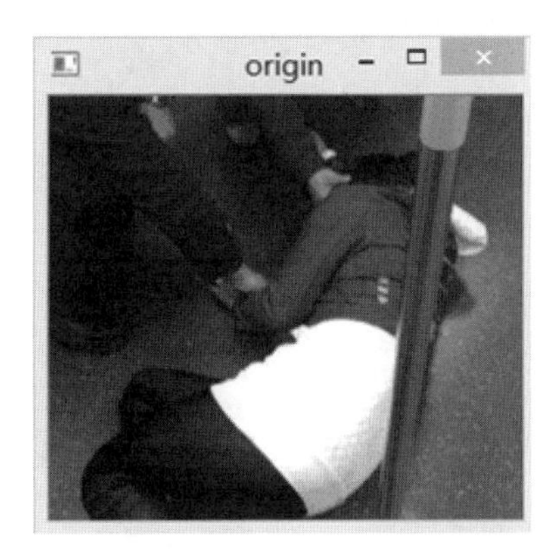

（a）原图

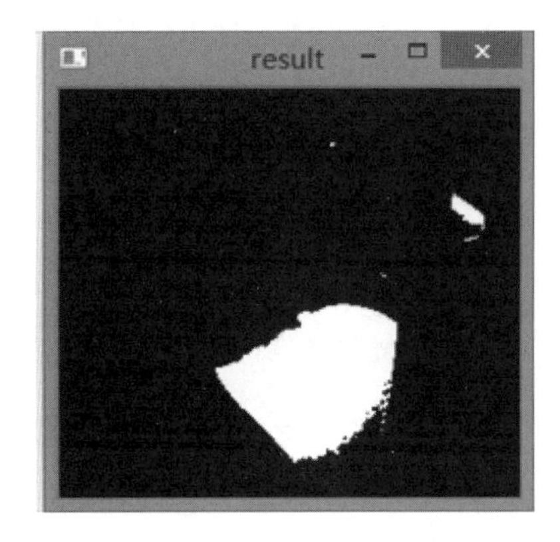

（b）结果

图 2-10　实现对图像中某一颜色的跟踪

2. 实现对视频中某一颜色的跟踪

程序 2-7 展示了利用图像颜色空间模型的转换实现对视频中某一颜色跟踪的效果。

```
#程序 2-7：色彩空间转换实现对视频某一颜色跟踪
import cv2 as cv
import numpy as np
def nextrace_object_demo():
    capture = cv.VideoCapture(0)
    while True:
        ret, frame = capture.read()
        if ret == False:
            break
        hsv = cv.cvtColor(frame, cv.COLOR_BGR2HSV)
        lower_hsv = np.array([0, 0, 221])
        upper_hsv = np.array([180, 30, 255])
```

```
        mask = cv.inRange(hsv, lower_hsv, upper_hsv)
        cv.imshow("video", frame)
        cv.imshow("mask", mask)
        if cv.waitKey(50) & 0xFF == ord('q'):
            break
nextrace_object_demo()
cv.waitKey(0)
cv.destroyAllWindows()
```

3. 实现对图像中多种颜色的捕捉分析

程序 2-8 展示了利用图像颜色空间模型的转换实现对图像中多种颜色捕捉分析的效果。

```
#程序 2-8：多种颜色的捕捉分析
import cv2
import numpy as np
import collections
def getColorList():
    dict = collections.defaultdict(list)
    # 黑色
    lower_black = np.array([0, 0, 0])
    upper_black = np.array([180, 255, 46])
    color_list = []
    color_list.append(lower_black)
    color_list.append(upper_black)
    dict['black'] = color_list
    # 白色
    lower_white = np.array([0, 0, 221])
    upper_white = np.array([180, 30, 255])
    color_list = []
    color_list.append(lower_white)
    color_list.append(upper_white)
```

```
dict['white'] = color_list
#红色 1
lower_red = np.array([156, 43, 46])
upper_red = np.array([180, 255, 255])
color_list = []
color_list.append(lower_red)
color_list.append(upper_red)
dict['red']=color_list
# 红色 2
lower_red = np.array([0, 43, 46])
upper_red = np.array([10, 255, 255])
color_list = []
color_list.append(lower_red)
color_list.append(upper_red)
dict['red2'] = color_list
#橙色
lower_orange = np.array([11, 43, 46])
upper_orange = np.array([25, 255, 255])
color_list = []
color_list.append(lower_orange)
color_list.append(upper_orange)
dict['orange'] = color_list
#黄色
lower_yellow = np.array([26, 43, 46])
upper_yellow = np.array([34, 255, 255])
color_list = []
color_list.append(lower_yellow)
color_list.append(upper_yellow)
dict['yellow'] = color_list
#绿色
lower_green = np.array([35, 43, 46])
```

```
    upper_green = np.array([77, 255, 255])
    color_list = []
    color_list.append(lower_green)
    color_list.append(upper_green)
    dict['green'] = color_list
    #青色
    lower_cyan = np.array([78, 43, 46])
    upper_cyan = np.array([99, 255, 255])
    color_list = []
    color_list.append(lower_cyan)
    color_list.append(upper_cyan)
    dict['cyan'] = color_list
    #蓝色
    lower_blue = np.array([100, 43, 46])
    upper_blue = np.array([124, 255, 255])
    color_list = []
    color_list.append(lower_blue)
    color_list.append(upper_blue)
    dict['blue'] = color_list
    # 紫色
    lower_purple = np.array([125, 43, 46])
    upper_purple = np.array([155, 255, 255])
    color_list = []
    color_list.append(lower_purple)
    color_list.append(upper_purple)
    dict['purple'] = color_list
    return dict
def get_color(frame):
    print('go in get_color')
    hsv = cv2.cvtColor(frame,cv2.COLOR_RGB2HSV)
    maxsum = -100
```

```
        color = None
        color_dict = getColorList()
        for d in color_dict:
            mask = cv2.inRange(hsv,color_dict[d][0],color_dict[d][1])
            cv2.imwrite(d+'.jpg',mask)
            binary = cv2.threshold(mask, 127, 255, cv2.THRESH_
BINARY)[1]
            binary = cv2.dilate(binary,None,iterations=2)
            cnts, hiera = cv2.findContours(binary.copy(),cv2.RETR_
EXTERNAL, cv2.CHAIN_APPROX_SIMPLE)
            sum = 0
            for c in cnts:
                sum+=cv2.contourArea(c)
            if sum > maxsum :
                maxsum = sum
                color = d
        return color
    filename='smoking.png'
    frame = cv2.imread(filename)
    print(get_color(frame))
```

运行效果如图 2-11 所示。

（a）原图

（b）蓝色

（c）红色 1

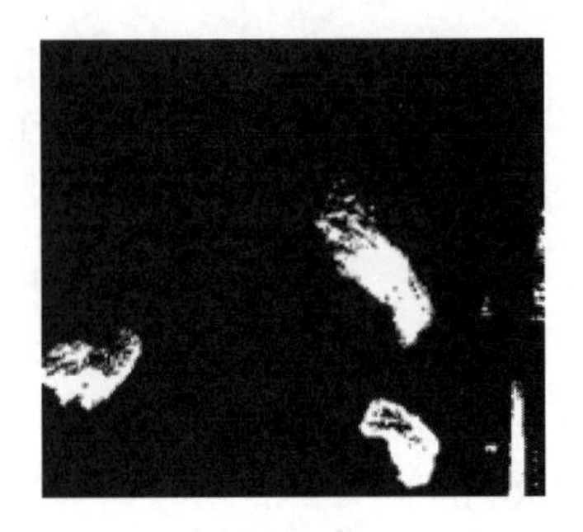

（d）红色 2

图 2-11　实现对图像中多种颜色的分析

从运行结果可以看出，通过颜色空间模型变换，可以获取地铁车厢吸烟人员的衣服（蓝色）、脸部（红色 1）以及手部（红色 2）等目标区域的图像。

2.2　图像直方图分析

直方图（Histogram），又被称为质量分布图，是一种统计报告图。它由一系列高度不等的纵向矩形条纹或粗线条表示某些数值的数据分布情况。一般横轴表示数值类型，纵轴表示该数值的数据分布情况。事实上，直方图是一种对连续变量（定量变量）的数值数据统计分析和概率分布的条状图形表示。

在人群异常行为图像研究中，我们可以借助直方图对图像像素进行数值统计与分析，为后续图像增强、图像分割等操作提供帮助（张便利等，2006；赵仁凤，2018）。

2.2.1　图像直方图原理

直方图实际上是将统计学的分析方法用到图像的分析中。图像直方图由于其计算代价较小，且具有图像平移、旋转、缩放不变性等众多优点，被广泛地应用于图像处理的各个领域，特别是灰度图像的阈值分割、基于颜色的图像检索以及图像分类（王浩等，2017；丁畅等，2017；刘方园等，2017）。在实际使用中，图像直方图在特征提取、图

像匹配等方面也有很好的应用。

图像直方图是反映一个图像像素分布的统计表，横坐标代表了图像像素的种类，可以是灰度的，也可以是彩色的，纵坐标代表了每一种颜色值在图像中的像素总数或者占所有像素个数的百分比。图像是由像素构成的，因此反映像素分布的直方图往往可以作为图像一个很重要的特征。

构建直方图，第一步是将值的范围分段，即将整个值的范围分成一系列间隔，然后计算每个间隔中有多少个值。这些值通常被指定为连续的、不重叠的变量间隔。间隔必须相邻，并且通常是（但不是必须的）相等的大小。直方图也可以进行归一化显示。

根据图像像素数据色彩类型，直方图有灰度直方图和颜色直方图之分。其中，灰度直方图是关于灰度级分布的函数，是对图像中灰度级分布的统计。灰度直方图是将数字图像中的所有像素，按照灰度值的大小，统计其出现的频率。灰度直方图是灰度级的函数，它表示图像中具有某种灰度级的像素的个数，反映了图像中某种灰度出现的频率。

颜色直方图是在许多图像检索系统中被广泛采用的颜色特征。它所描述的是不同色彩在整幅图像中所占的比例，而并不关心每种色彩所处的空间位置，即无法描述图像中的对象或物体。颜色直方图特别适于描述那些难以进行自动分割的图像。颜色直方图反映的是图像中颜色的组成分布，即出现了哪些颜色以及各种颜色出现的频率，颜色直方图相对于图像以观察轴为轴心的旋转以及幅度不大的平移和缩放等几何变换是不敏感的，颜色直方图对于图像质量的变化（如模糊）也不甚敏感。颜色直方图的这种特性使得它比较适合于检索图像的全局颜色相似性的场合，即通过比较颜色直方图的差异来衡量两幅图像在颜色全局分布上的差异。

2.2.2　图像直方图的绘制

直方图中的数值都是统计而来，描述了该图像中关于颜色的数量特征，可以反映图像颜色的统计分布和基本色调。直方图只包含了该图像中某一颜色值出现的频数，而丢失了某像素所在的空间位置信息。

一般情况下，每一幅图像都能给出一幅与它对应的直方图，但不同的图像可能有相同的颜色分布，从而就具有相同的直方图，因此直方图与图像是一对多的关系。如将图像划分为若干个子区域，所有子区域的直方图之和等于全图直方图。一般情况下，由于图像上的背景和前景物体颜色分布明显不同，从而在直方图上会出现双峰特性，但背景和前景颜色较为接近的图像不具有这个特性。

程序 2-9 展示了对彩色图像的一维直方图绘制。

```
#程序 2-9：图像一维直方图的绘制
import cv2 as cv
from matplotlib import pyplot as plt
def histogram_1d_demo(image):
    plt.hist(image.ravel(), 256, [0, 256])
    plt.show()
src = cv.imread('astronaut.png')
cv.namedWindow('origin', cv.WINDOW_NORMAL)
cv.imshow('origin', src)
histogram_1d_demo(src)
cv.waitKey(0)
cv.destroyAllWindows()
```

运行结果如图 2-12 所示。

（a）原图

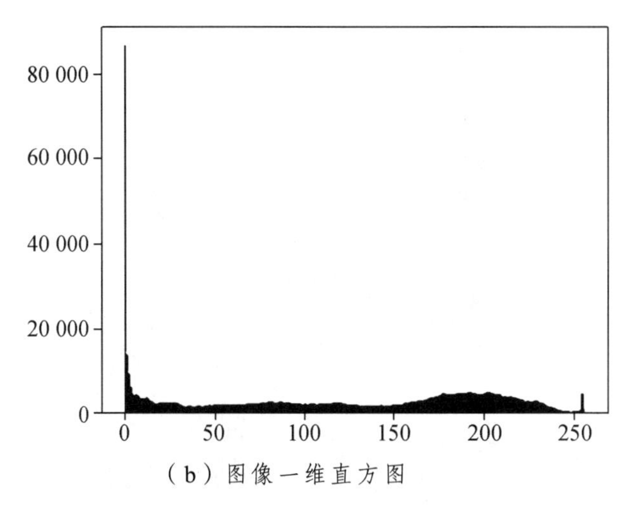

（b）图像一维直方图

图 2-12　彩色图像的一维直方图绘制

我们知道，一般彩色视频图像的色彩为 RGB 模式，因此，可以根据彩色图像的 RGB 三通道将图像三通道直方图绘制出来。程序 2-10 展示了一幅彩色图像的三通道直方图绘制。

```
#程序 2-10：图像三通道直方图的绘制
import cv2 as cv
from matplotlib import pyplot as plt
def histogram_3d_demo(image):          #画三通道图像的直方图
    color = ('b', 'g', 'r')
    for i , color in enumerate(color):
        hist = cv.calcHist([image], [i], None, [256], [0, 256])
        plt.plot(hist, color)
        plt.xlim([0, 256])
    plt.show()
src = cv.imread('astronaut.png')
cv.namedWindow('origin', cv.WINDOW_NORMAL)
cv.imshow('origin', src)
histogram_3d_demo(src)
cv.waitKey(0)
cv.destroyAllWindows()
```

运行结果如图 2-13 所示。

（a）原图

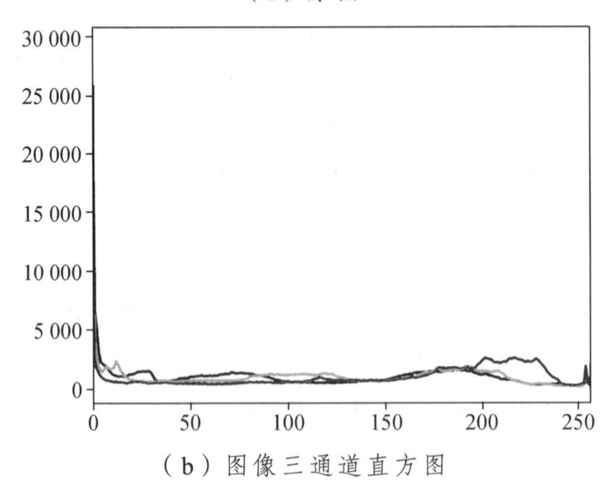

（b）图像三通道直方图

图 2-13　彩色图像三通道直方图的绘制

2.2.3　图像直方图的应用

图像直方图可以帮助我们通过获取的视频图像像素数据进行图像内容信息剖析，从而根据直方图中像素值的分布将图像中感兴趣部分提取出来，并将冗余部分去除掉。当图像像素的灰度级不明显时，我们可以通过采用直方图均衡化处理，将这些像素的灰度级范围扩大，从而使这些灰度级所表示的图像信息更为清晰。

1. 直方图均衡化处理

直方图均衡化处理的原理和作用：直方图均衡化是将原图像通过某种变换，得到一幅灰度直方图为均匀分布的新图像的方法。该方法增加了像素灰度值的动态范围，从而达到增强图像整体对比度的效果。

直方图均衡化算法分为三个部分：第一步是统计直方图每个灰度级出现的次数，第二步是计算归一化直方图的灰度级，第三步是计算新的像素值。其计算公式如下：

$$S_k = \sum_{j=0}^{k} \frac{n_j}{n} (k = 0,1,2,\cdots,L-1) \tag{2-7}$$

其中，n 是原图图像中像素的总和；n_k 是原图当前灰度级的像素个数；L 是图像中灰度级总数；s_k 是新图像的各灰度级。

具体实现步骤如下：

（1）计算原图像的归一化灰度级及其分布概率。

（2）根据公式（2-7）计算变换函数的各灰度级值 s_k。

（3）将得到的各灰度级值转化成标准的灰度级值。

（4）计算新图像各灰度级的像素数目和分布概率。

（5）绘制经均衡化处理后的新图像及其直方图。

值得注意的是，对于彩色图像而言，直方图均衡化处理一般不直接对 R、G、B 三个分量分别进行上述的操作，而是将 RGB 模式转换成 HSV 模式，并对其 V 分量进行直方图均衡化的操作。程序 2-11 展示了彩色图像的直方图均衡化处理操作。

```
#程序 2-11：使用直方图调整图像的对比度
import cv2 as cv
def image_eaualhist(image):
    gray = cv.cvtColor(image, cv.COLOR_RGB2GRAY)
    cv.namedWindow('origin', cv.WINDOW_NORMAL)
    cv.imshow('origin', gray)
    dst = cv.equalizeHist(gray)
    cv.namedWindow("demo1", cv.WINDOW_NORMAL)
    cv.imshow("demo1", dst)
def image_clahe(image):
```

```
        gray = cv.cvtColor(image, cv.COLOR_RGB2GRAY)
        clahe = cv.createCLAHE(5, (8,8))
        dst = clahe.apply(gray)
        cv.namedWindow("demo2", cv.WINDOW_NORMAL)
        cv.imshow("demo2", dst)
img = cv.imread('astronaut.png')
image_eaualhist(img)
image_clahe(img)
cv.waitKey(0)
cv.destroyAllWindows()
```

运行结果如图 2-14 所示。

（a）原图

（b）全局直方图均衡化

（c）局部直方图均衡化

图 2-14　彩色图像直方图均衡化处理

2. 直方图反向投影

利用直方图均衡化处理可以改善图像的清晰度。除此之外，还可以使用直方图反向投影技术来实现对图像中感兴趣部分的检索和提取。反向投影用于在输入图像中查找特定图像（模板图像）最匹配的点或者区域，定位模板图像出现在输入图像的位置。

程序 2-12 展示了直方图反向投影技术的应用。

```
#程序 2-12：直方图反向投影技术
import cv2 as cv
def back_projection_demo():
        sample = cv.imread("sample.jpg")
        target = cv.imread("target.jpg")
        roi_hsv = cv.cvtColor(sample, cv.COLOR_BGR2HSV)
        target_hsv = cv.cvtColor(target, cv.COLOR_BGR2HSV)
        cv.namedWindow("sample", cv.WINDOW_NORMAL)
        cv.imshow("sample", sample)
        cv.namedWindow("target", cv.WINDOW_NORMAL)
        cv.imshow("target", target)
        roiHist = cv.calcHist([roi_hsv], [0, 1], None, [32, 30], [0, 180, 0,
256])
        cv.normalize(roiHist, roiHist, 0, 255, cv.NORM_MINMAX)
        dst = cv.calcBackProject([target_hsv], [0,1], roiHist, [0, 180, 0,
256], 1)
        cv.namedWindow("back_projection_demo", cv.WINDOW_ NORMAL)
        cv.imshow("back_projection_demo", dst)
back_projection_demo()
cv.waitKey(0)
cv.destroyAllWindows()
```

运行结果如图 2-15 所示。

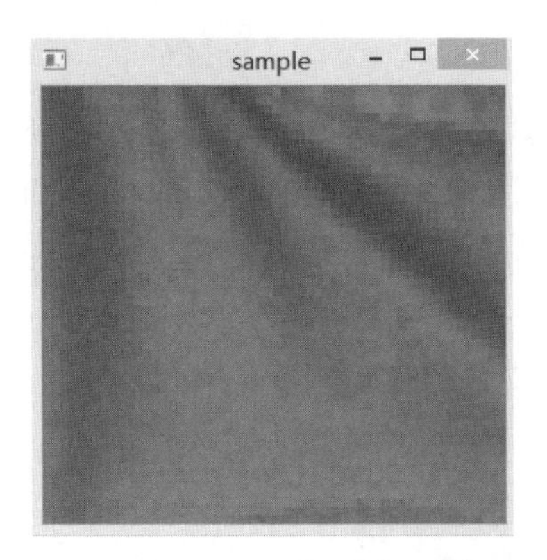

（a）模板图像

（b）目标图像

（c）运行结果图像

图 2-15　彩色图像直方图反向投影处理

2.3　图像运算处理

为了方便对视频图像进行分析、计算以及存储，我们将一幅（或一帧）图像保存成由像素所组成的一组离散数据（即数字图像）。由于图像由像素组成，因此图像之间可以进行像素之间的运算，这为人群异常行为图像研究提供了可供参考的技术手段和方法。

图像运算是指以图像像素为单位进行的计算，计算结果将生成一幅新图像。图像运算是图像处理中的常用处理方法，它可以通过改变像素的值来实现改善原图像的效果，常常用于图像分割、目标检测、

图像识别等前期处理。

图像运算包括点运算、算术运算、几何运算、逻辑运算以及邻域运算。算术运算常用于视频图像的处理以及图像误差检测，几何运算在图像配准、校正等方面有重要用途，邻域运算主要用在图像滤波和形态学运算方面。

2.3.1　图像点运算

图像点运算是人群异常行为图像处理中一种基本而又重要的预处理操作。所谓点运算是指使用图像像素值（通常用像素点的灰度值）进行像素逐点运算的一种图像处理方法。它可以根据特定的要求来改善图像的显示效果。在图像点运算中，输出图像每个像素的灰度值取决于输入图像中相对应像素的灰度值。也就是说，点运算只涉及原图像（即输入图像）的像素灰度值运算。

点运算指的是对图像中的每个像素依次进行同样的变换运算。设 r 和 s 分别是输入图像和输出图像在任一像素点的灰度值，则点运算可以定义为

$$s = T(r) \tag{2-8}$$

其中，T 为采用的点运算变换函数，表示在原始图像和输出图像之间的某种灰度级映射关系。

从计算公式可以看出，点运算具有两个特点：一是点运算不改变像素的空间位置，只改变像素的灰度值；二是依据变换函数运算规则将输入图像每个像素的灰度值逐一转换成输出图像对应像素的灰度值。

由于点运算可以改变原图像像素的灰度值，因此也就可以改变图像的像素灰度值统计分布。显而易见，这种改变可以由原图和输出图像的直方图上反映出来。基于此，我们有时可以采用逆向反推的思维，即根据输出图像的直方图，确定由输入图像直方图变换为输出图像直方图的映射关系，然后将此映射关系作为转换函数对输入图像的每一像素逐一执行点运算。

点运算可以改变图像像素的灰度值范围及分布的特性，往往被用来进行图像的对比度增强或对比度拉伸，成为图像预处理的常用方法，

该方法又被称为灰度变换。

2.3.2 图像算术运算

图像算术运算（又叫图像代数运算）是指对两幅或两幅以上输入图像的对应像素灰度值做代数运算（即加、减、乘、除等计算），并将运算结果作为新图像的像素灰度值的一种图像处理方法。这种方法的特点在于输出新图像的像素灰度值由两幅或两幅以上的输入图像的对应像素灰度值计算结果来确定。和点运算一样，算术运算也不改变图像像素的空间位置。

算术运算在人群异常行为视频图像处理中有许多实用性很强的应用。例如，对多帧连续的视频图像求平均值（可通过图像加法运算实现），可以有效地消除或减弱视频图像中因设备干扰产生的随机噪声影响。而通过图像减法运算可以检测研究对象的运动状态：通过对连续或一定间隔的视频图像进行图像减法运算，如果研究对象处于静止状态，则这些视频图像像素的灰度值往往会相同，因此减法运算的像素差值为零；如果研究对象处于活动状态（不论是随机运动还是规律性运动），则这些视频图像相减不会为零。因此，视频帧图像之差可以反映研究对象的运动状态。

1. 图像相加运算

图像像素的算术运算涉及加、减、乘、除等基本代数运算，一般而言，进行图像算术运算，要求运算的两幅图像形状尺寸应一致。由于人群异常行为图像大多来自监控视频图像，同一视频数据中帧图像的形状尺寸是一致的，因此视频图像适合进行图像算术运算。

对于图像加法运算，设有 2 幅输入图像分别是 $A(x,y)$和 $B(x,y)$，图像相加后生成的输出新图像为 $N(x,y)$，则图像加法运算如下所示：

$$N(x,y)=A(x,y)+B(x,y) \tag{2-9}$$

程序 2-13 展示了图像加法运算的效果。

```
#程序 2-13：图像加法运算
import cv2
```

```
def image_add(img1, img2):
    result = cv2.add(img1, img2)
    return result
src1 = cv2.imread(filename1)
src2 = cv2.imread(filename2)
rst = image_add(src1, src2)
cv2.imshow('image1', src1)
cv2.imshow('image2', src2)
cv2.imshow("result", rst)
cv2.waitKey(0)
cv2.destroyAllWindows()
```

运行结果如图 2-16 所示。

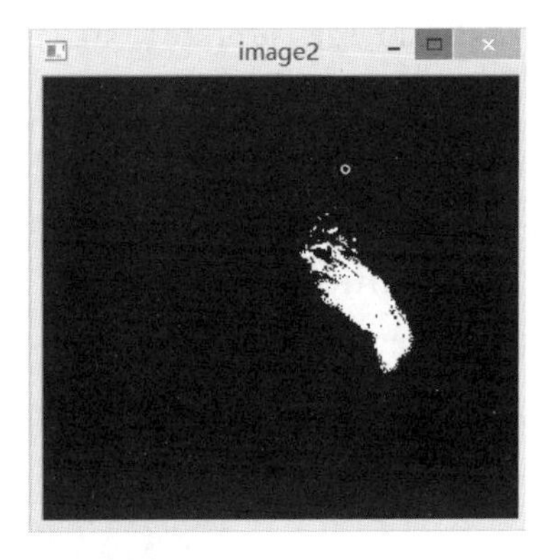

图 2-16　图像加法运算效果

2. 图像相减运算

对于图像加法运算，设有 2 幅输入图像分别是 $A(x,y)$和 $B(x,y)$，图像相减后生成的输出新图像为 $N(x,y)$，则图像减法运算如下所示：

$$N(x,y) = A(x,y) - B(x,y) \tag{2-10}$$

程序 2-14 展示了图像减法运算的效果。

```
#程序 2-14：图像减法运算
import cv2
def image_sub(img1, img2):
    result = cv2.subtract(img1, img2)
    return result
src1 = cv2.imread('smoking.png')
src2 = cv2.imread('hand.jpg')
rst = image_sub(src1, src2)
cv2.imshow('image1', src1)
cv2.imshow('image2', src2)
cv2.imshow("result", rst)
cv2.waitKey(0)
cv2.destroyAllWindows()
```

运行结果如图 2-17 所示。

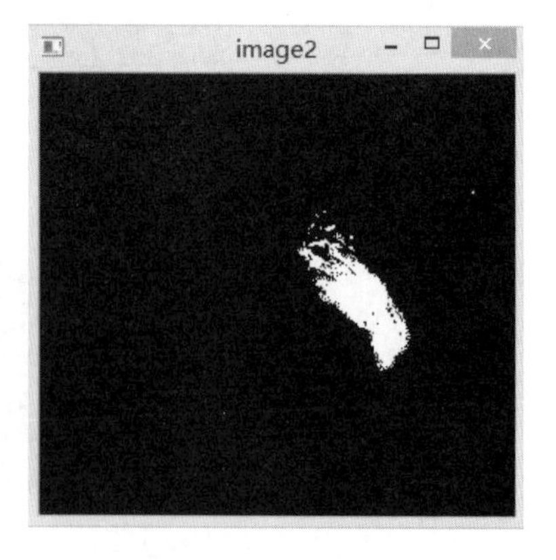

图 2-17　图像减法运算效果

3. 图像相乘运算

对于图像乘法运算，设有 2 幅输入图像分别是 $A(x,y)$和 $B(x,y)$，图像相乘后生成的输出新图像为 $N(x,y)$，则图像乘法运算如下所示：

$$N(x,y) = A(x,y) \times B(x,y) \tag{2-11}$$

程序 2-15 展示了图像乘法运算的效果。

```
#程序 2-15：图像乘法运算
import cv2
def image_mul(img1, img2):
    result = cv2.multiply(img1, img2)
    return result
src1 = cv2.imread('smoking.png')
src2 = cv2.imread('hand.jpg')
rst = image_mul(src1, src2)
cv2.imshow('image1', src1)
cv2.imshow('image2', src2)
cv2.imshow("result", rst)
cv2.waitKey(0)
cv2.destroyAllWindows()
```

运行结果如图 2-18 所示。

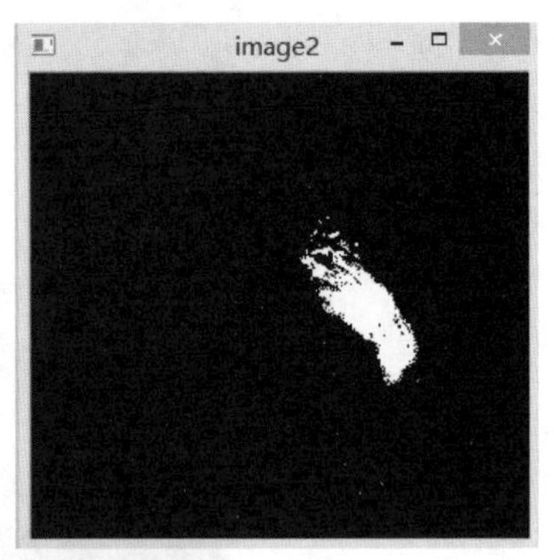

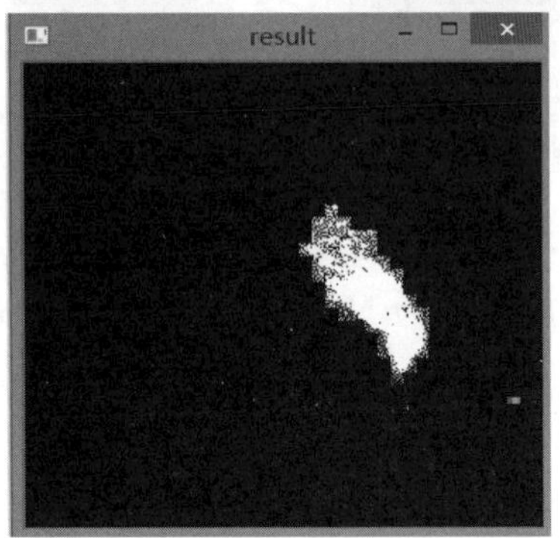

图 2-18 图像乘法运算效果

4. 图像相除运算

设有 2 幅图像分别是 $A(x,y)$和 $B(x,y)$，图像相加后生成的新图像为 $N(x,y)$，则图像除法运算定义如下：

$$N(x,y)=A(x,y)\div B(x,y) \tag{2-12}$$

程序 2-16 展示了图像除法运算的效果。

```
#程序 2-16：图像除法运算
import cv2
def image_div(img1, img2):
    result = cv2.divide(img1, img2)
    return result
src1 = cv2.imread('smoking.png')
src2 = cv2.imread('hand.jpg')
```

```
rst = image_div(src1, src2)
cv2.imshow('image1', src1)
cv2.imshow('image2', src2)
cv2.imshow("result", rst)
cv2.waitKey(0)
cv2.destroyAllWindows()
```

运行结果如图 2-19 所示。

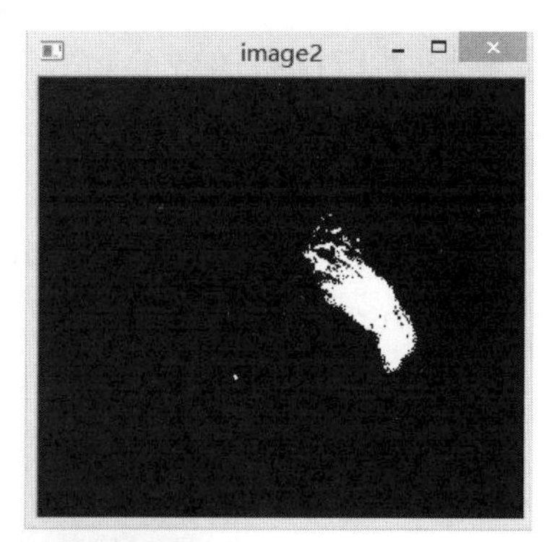

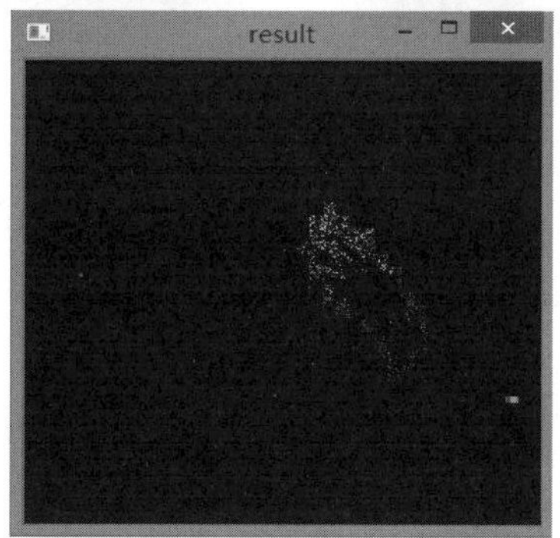

图 2-19　图像除法运算效果

5. 图像融合运算

图像融合运算也可以看成是一种图像加法运算，与图像加法运算相比，它增加了比例系数或权重系数。

设有 2 幅图像分别是 $A(x,y)$和 $B(x,y)$，图像融合运算后生成的新图像为 $N(x,y)$，则图像融合运算的定义如下所示：

$$N(x,y)=\alpha\cdot A(x,y)+\beta\cdot B(x,y)+\gamma \tag{2-13}$$

其中，α 和 β 为比例系数或权重系数，γ 可以为 0。

有时可以简化如下：

$$N(x,y)=\alpha\cdot A(x,y)+(1-\alpha)\cdot B(x,y) \tag{2-14}$$

其中，α 从 0→1。

程序 2-17 将两幅图像进行图像混合运算，第一幅图权重系数设置为 0.6，第二幅图像设置为 0.4，展示了图像融合运算的效果。

```
#程序 2-17：图像融合运算
import cv2
def image_mix(img1, img2):
    result = cv2.subtract(img1, img2)
    return result
src1 = cv2.imread('smoking.png')
src2 = cv2.imread('hand.jpg')
rst = cv2.addWeighted(src1,0.6,src2,0.4,0)
cv2.imshow('image1', src1)
cv2.imshow('image2', src2)
cv2.imshow("result", rst)
cv2.waitKey(0)
cv2.destroyAllWindows()
```

运行结果如图 2-20 所示。

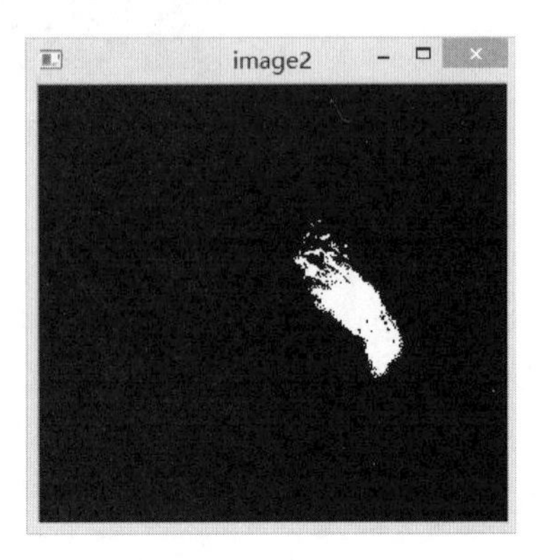

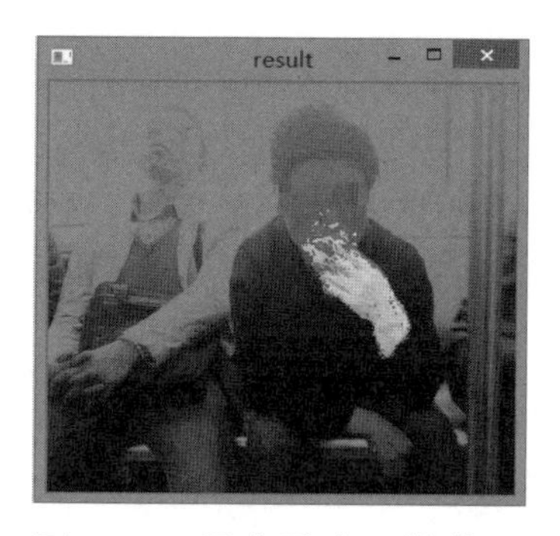

图 2-20　图像融合运算效果

2.3.3　图像几何运算

图像几何运算是人群异常行为图像预处理方法的重要手段之一。图像几何运算是指将图像几何形状或尺寸发生改变（如平移、缩放、旋转等）的变换运算方法。它可以看成是原图像像素在图像内的移动过程。与图像点运算不同，图像几何运算会改变原图像像素的空间位置，但不改变原图像像素的灰度值。

由于图像几何运算不改变图像的像素值，只是改变原图像像素的空间位置，因此在人群异常行为图像研究中，我们可以用图像几何运算来消除因成像角度、透视关系、监控镜头因素所造成的视频人群影像不正、变形等问题，以便于在后续的图像分割和识别分析中将注意力集中在目标人员图像的形态、轮廓等特征信息上，而不是受到人群影像不正、变形等问题的困扰。

图像几何运算包括平移、缩放、旋转、平行投影等运算。计算过程一般包括两部分：一是执行空间变换所需的运算，如平移、缩放、旋转等用来表示输出图像与输入图像像素之间的映射关系；二是因为图像空间的缩减或扩大，需要进行灰度值插值变换，将新增的像素值映射到输出图像对应的像素中。

1. 图像平移运算

图像平移运算就是将输入图像的像素空间位置加上指定的水平偏移量和垂直偏移量。

图像的平移比较简单，在平移之前，我们需要先构造一个移动矩阵，所谓移动矩阵，就是说明在 x 轴方向上移动多少距离，在 y 轴上移动多少距离。

设 $\mathrm{d}x$ 为水平偏移量，$\mathrm{d}y$ 为垂直偏移量，(x_0,y_0)为原图像像素空间坐标，(x,y)为变换后图像像素空间坐标，则图像平移运算如下所示：

$$\begin{cases} x = x_0 + \mathrm{d}x \\ y = y_0 + \mathrm{d}y \end{cases} \tag{2-15}$$

用矩阵可以表示为

$$\begin{bmatrix} x \\ y \\ 1 \end{bmatrix} = \begin{bmatrix} 1 & 0 & \mathrm{d}x \\ 0 & 1 & \mathrm{d}y \\ 0 & 0 & 1 \end{bmatrix} \begin{bmatrix} x_0 \\ y_0 \\ 1 \end{bmatrix} \tag{2-16}$$

程序 2-18 展示了对彩色图像的图像进行平移运算操作。

```
#程序 2-18：图像平移运算
import cv2
import numpy as np
img = cv2.imread(filename)
D = np.float32([[1, 0, 30], [0, 1, 20]])
rows, cols = img.shape[:2]
rst = cv2.warpAffine(img, D, (cols, rows))
cv2.imshow('origin', img)
cv2.imshow('translate', rst)
cv2.waitKey(0)
cv2.destroyAllWindows()
```

运行结果如图 2-21 所示。

图 2-21　图像平移运算效果

2. 图像缩放运算

图像缩放运算主要用于改变图像的尺寸大小，缩放后图像的宽度和高度会发生变化。图像的放大和缩小通过缩放系数来控制，设 S_x 为水平缩放系数，S_y 为垂直缩放系数，(x_0,y_0)为输入图像（原图像）的像素坐标，(x,y)为缩放后输出图像的像素坐标，则缩放系数与像素坐标的映射关系如下所示：

$$\begin{cases} x = x_0 \times S_x \\ y = y_0 \times S_y \end{cases} \tag{2-17}$$

其矩阵表示为

$$[x \quad y \quad 1] = [x_0 \quad y_0 \quad 1]\begin{bmatrix} S_x & 0 & 0 \\ 0 & S_y & 0 \\ 0 & 0 & 1 \end{bmatrix} \tag{2-18}$$

程序 2-19 展示了对彩色图像的图像进行缩放运算操作。

```
#程序 2-19：图像缩放运算
import cv2
def image_scaling(image,scale_x,scale_y):
    height, width = img.shape[:2]
    result = cv2.resize(img,(int(scale_x*width),int(scale_y*height)),
                        cv2.INTER_LINEAR)
    return result
img = cv2.imread(filename)
Sx = 0.5 #设置水平缩放系数
Sy = 0.5 #设置垂直缩放系数
rst = image_scaling(img,Sx,Sy)
cv2.imshow('origin', img)
cv2.imshow('result', rst)
cv2.waitKey(0)
cv2.destroyAllWindows()
```

运行结果如图 2-22 所示。

图 2-22　图像缩放运算效果

从公式（2-16）、（2-17）和程序运行效果可以看出，水平缩放系数 S_x 控制着图像宽度的缩放，其值为 1，则图像的宽度不变；垂直缩放系数 S_y 控制图像高度的缩放，其值为 1，则图像的高度不变。如果水平缩放系数和垂直缩放系数不相等，那么缩放后图像的宽度和高度的比例会发生变化，会使图像变形。要保持图像宽度和高度的比例不发生变化，就需要水平缩放系数和垂直缩放系数相等。

3. 图像旋转运算

图像旋转运算就是让图像以某一点为中心旋转一定角度。图像旋转运算不会造成图像画面内容的变化，但是输出图像的垂直对称轴和水平对称轴对比原图像发生了改变，图像宽度、高度、坐标原点也会发生变化。

输出图像的像素坐标和原图像对应像素坐标之间的关系通过旋转矩阵确定。设输入图像（原图像）的像素坐标为(x_0,y_0)，旋转角度为 α，旋转后输出图像的像素坐标为(x_1,y_1)，则像素坐标的变换如下所示：

$$\begin{bmatrix} x_1 & y_1 & 1 \end{bmatrix} = \begin{bmatrix} x_0 & y_0 & 1 \end{bmatrix} \begin{bmatrix} \cos a & -\sin a & 0 \\ \sin a & \cos a & 0 \\ 0 & 0 & 1 \end{bmatrix} \tag{2-19}$$

程序 2-20 展示了对彩色图像进行图像旋转运算操作。

```
#程序 2-20：图像旋转运算
import cv2
def image_rotate(image,angle,scale):
    rows, cols = image.shape[:2]
    matrix = cv2.getRotationMatrix2D((cols/2, rows/2),angle,scale)
    result = cv2.warpAffine(image,matrix,(cols, rows))
    return result
img = cv2.imread('astronaut.png')
rst = image_rotate(img,45,1)
cv2.imshow('origin', img)
cv2.imshow('result', rst)
cv2.waitKey(0)
cv2.destroyAllWindows()
```

运行结果如图 2-23 所示。

图 2-23　图像旋转运算效果

4. 图像仿射变换

仿射变换（Affine Transformation）是一种二维空间坐标的线性变换方式。图像仿射运算是指利用仿射变换将输入图像（原图像）的像素二维空间坐标映射到输出图像的像素二维空间坐标的一种线性变换方法。

设原图像的像素二维空间坐标为（x_0, y_0），输出图像的二维空间坐标为（x, y），则图像仿射运算的数学表达式如下所示：

$$\begin{cases} x = a_1x_0 + b_1y_0 + c_1 \\ y = a_2x_0 + b_2y_0 + c_2 \end{cases} \tag{2-20}$$

式中，a_1、b_1、c_1、a_2、b_2、c_2为线性变换系数。对应矩阵形式表示为

$$\begin{bmatrix} x \\ y \\ 1 \end{bmatrix} = \begin{bmatrix} a_1 & b_1 & c_1 \\ a_2 & b_2 & c_2 \\ 0 & 0 & 1 \end{bmatrix} \begin{bmatrix} x_0 \\ y_0 \\ 1 \end{bmatrix} \tag{2-21}$$

程序 2-21 展示了对彩色图像进行图像仿射变换操作。

```
#程序 2-21：图像仿射变换
import cv2
import numpy as np
def image_affine(image,pts1,pts2):
    rows,cols,channel = image.shape
    matrix = cv2.getAffineTransform(pts1,pts2)
    result = cv2.warpAffine(image,matrix,(cols,rows))
    return result
img = cv2.imread('astronaut.png')
pts1 = np.float32([[30,50],[300,50],[50,200]])
pts2 = np.float32([[10,100],[300,50],[100,250]])
rst = image_affine(img,pts1,pts2)
cv2.imshow('origin', img)
cv2.imshow("result", rst)
cv2.waitKey(0)
cv2.destroyAllWindows()
```

运行结果如图 2-24 所示。

图 2-24　图像仿射运算效果

从程序效果可以看出，图像仿射变换是一种图像像素二维坐标之间的线性变换。事实上，仿射变换可以看成是将一个平面内的任意平行四边形映射为另一个平行四边形。基于此，我们可以知道图像仿射变换具有保持二维图形的“平直性”（变换后直线还是直线，圆弧还是圆弧）和“平行性”（保持二维图形间的相对位置关系不变，平行线还是平行线，平行线上的点位置顺序也不变，但向量间夹角会发生变化）的特点。由于仿射变换比较复杂，难以直接找到变换矩阵，因此我们一般用变换前后三个点的对应关系来获得这个变换矩阵。

5. 图像透视变换

透视变换（Perspective Transformation）是指将图像投影到一个新的视平面。图像透视变换就是使用透视变换方法将输入图像（原图像）投影到另一个视平面的一种空间变换方法。设(x_0,y_0,z_0)为原图像像素所在视平面坐标，(x,y,z)为变换后输出图像像素所在视平面坐标，M为透视变换矩阵，则图像透射运算的数学表达式如公式（2-22）、（2-23）、（2-24）、（2-25）、（2-26）所示：

$$[x \quad y \quad z]=[x_0 \quad y_0 \quad z_0]M \tag{2-22}$$

$$M=\begin{bmatrix} a_{11} & a_{12} & a_{13} \\ a_{21} & a_{22} & a_{23} \\ a_{31} & a_{32} & a_{33} \end{bmatrix}=\begin{bmatrix} T_1 & T_2 \\ T_3 & a_{33} \end{bmatrix} \tag{2-23}$$

$$T_1 = \begin{bmatrix} a_{11} & a_{12} \\ a_{21} & a_{22} \end{bmatrix} \tag{2-24}$$

$$T_2 = \begin{bmatrix} a_{13} \\ a_{23} \end{bmatrix} \tag{2-25}$$

$$T_3 = \begin{bmatrix} a_{31} & a_{32} \end{bmatrix} \tag{2-26}$$

其中，T_1 负责图像线性变换；T_2 负责图像透视变换；T_3 负责图像平移。

程序 2-22 展示了对彩色图像进行图像仿射运算操作。

```
#程序 2-22：图像仿射运算
import cv2
import numpy as np
def image_perspective(image,pts1,pts2):
    rows, cols = image.shape[:2]
    matrix = cv2.getPerspectiveTransform(pts1, pts2)
    result = cv2.warpPerspective(image, matrix, (cols, rows))
    return result
img = cv2.imread('astronaut.png')
pts1 = np.float32([[56, 65], [200, 52], [28, 235], [235, 240]])
pts2 = np.float32([[0, 0], [200, 0], [0, 200], [200, 200]])
rst = image_perspective(img,pts1,pts2)
cv2.imshow('origin', img)
cv2.imshow('result', rst)
cv2.waitKey(0)
cv2.destroyAllWindows()
```

运行结果如图 2-25 所示。

图像透视运算与图像仿射运算在图像还原、图像局部变化处理方面具有重要意义和应用价值。其中图像仿射变换在二维平面中应用较多，被称为平面变换或二维坐标变换。而在三维平面中，图像透视变换使用较多，被称为空间变换或三维坐标变换。这两种变换原理类似，变换效果也相近，有时候还可以针对不同场合适当地变换使用。实际上，透射变换比较仿射变换更有灵活性，通过透射变换可以将矩形转

变成梯形。

图 2-25　图像透视变换效果

从案例程序及运行效果可以看出，仿射变换的方程组有 6 个未知数，需要 3 组映射点，因此可以确定一个二维平面。透视变换的方程组有 8 个未知数，需要 4 组映射点，而这四个点刚好可以确定一个三维空间。

2.3.4　图像逻辑运算

逻辑运算又称为布尔运算，包括与、非、或、异或等运算，是用数学方法解决逻辑问题的一种运算方式。逻辑运算的结果一般只有 1 和 0，即 true 和 false。图像逻辑运算就是指将逻辑运算的计算方法运用于图像的一种预处理方式。在人群异常行为图像研究中，图像逻辑运算可以应用于图像增强、图像识别、图像复原和区域分割等方面。

1. 图像的与运算

程序 2-23 展示了对彩色图像进行逻辑与运算操作。

```
#程序 2-23：图像逻辑与运算
import cv2
def image_and(image1, image2):
    result = cv2.bitwise_and(image1, image2)
```

```
    return result
img1 = cv2.imread('smoking.png')
img2 = cv2.imread('hand.jpg')
rst = image_and(img1, img2)
cv2.imshow('image1', img1)
cv2.imshow('image2', img2)
cv2.imshow("result", rst)
cv2.waitKey(0)
cv2.destroyAllWindows()
```

运行结果如图 2-26 所示。

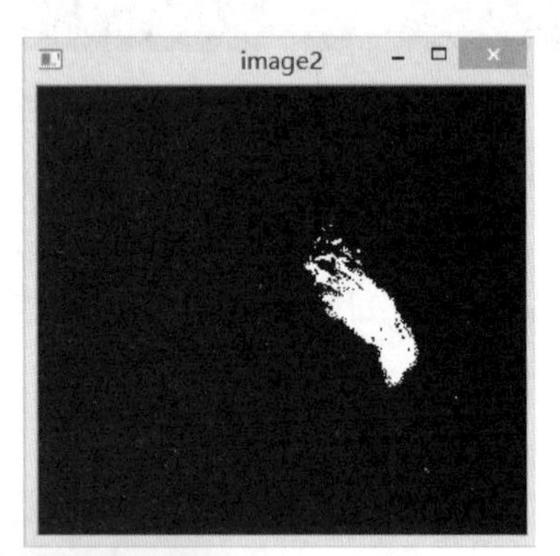

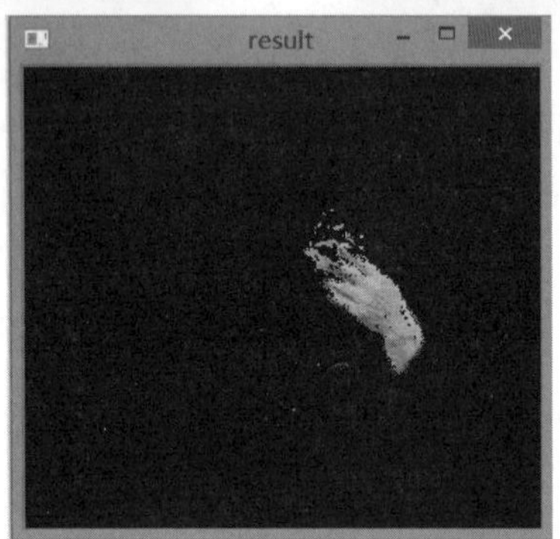

图 2-26　图像逻辑与运算效果

2. 图像的或运算

程序 2-24 展示了对彩色图像进行逻辑或运算操作。

```
#程序 2-24：图像逻辑或运算
import cv2
def image_or(image1, image2):
    result = cv2.bitwise_or(image1, image2)
    return result
img1 = cv2.imread('smoking.png')
img2 = cv2.imread('hand.jpg')
rst = image_or(img1, img2)
cv2.imshow('image1', img1)
cv2.imshow('image2', img2)
cv2.imshow("result", rst)
cv2.waitKey(0)
cv2.destroyAllWindows()
```

运行结果如图 2-27 所示。

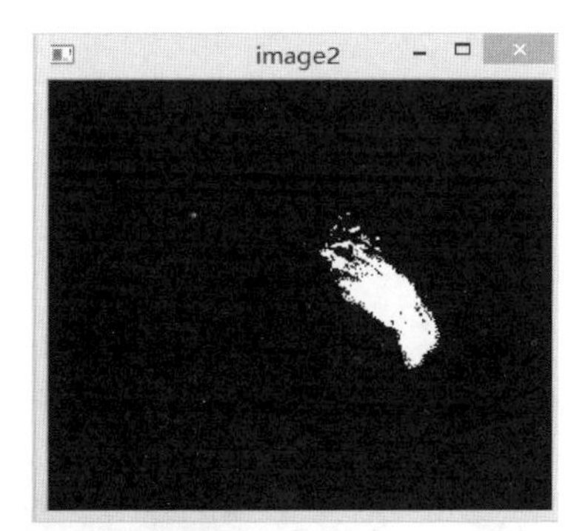

图 2-27　图像逻辑或运算效果

3. 图像的非运算

程序 2-25 展示了图像非运算的处理效果。

```
#程序 2-25：图像逻辑非运算
import cv2
def image_non(image):
    result = cv2.bitwise_not(image)
    return result
img = cv2.imread('smoking.png')
rst = image_non(img)
cv2.imshow('origin', img)
cv2.imshow("result", rst)
cv2.waitKey(0)
cv2.destroyAllWindows()
```

运行结果如图 2-28 所示。

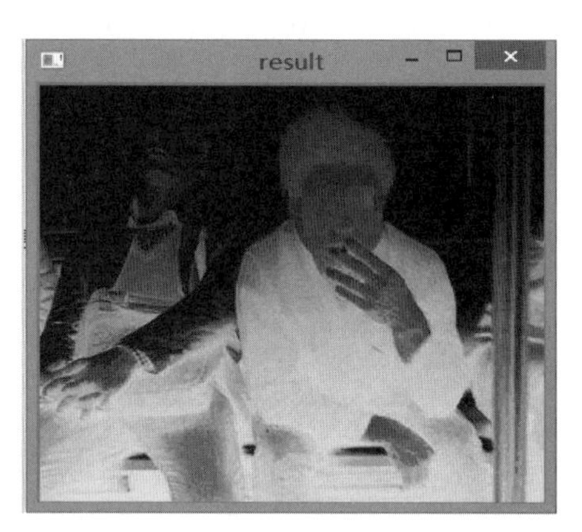

图 2-28 图像逻辑非运算效果

4. 图像的异或运算

程序 2-26 展示了图像异或运算的处理效果。

```
#程序 2-26：图像逻辑异或运算
import cv2
def image_xor(image1, image2):
```

```
        result = cv2.bitwise_xor(image1, image2)
        return result
    img1 = cv2.imread('smoking.png')
    img2 = cv2.imread('hand.jpg')
    rst = image_xor(img1, img2)
    cv2.imshow('image1', img1)
    cv2.imshow('image2', img2)
    cv2.imshow("result", rst)
    cv2.waitKey(0)
    cv2.destroyAllWindows()
```

运行结果如图 2-29 所示。

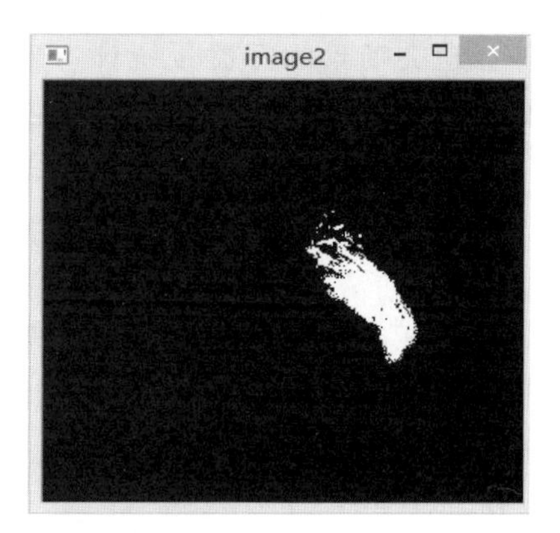

图 2-29　图像逻辑异或运算效果

2.4 图像中图形绘制与标示

在人群异常行为图像研究中，常常需要在图像中标示异常行为特征区域，这些特征标示一般在图像中通过图形绘制来实现。常用的图形绘制包括直线、矩形、圆形、椭圆等形状。下面我们介绍常用图形的绘制方法及应用。

2.4.1 在图像中绘制直线

在视频图像中绘制直线，是在轨道交通客流运输客流统计中常用的技术之一。在轨道交通客流运输中，常常需要统计某个区域的客流流量，例如地铁站入口闸机处的人流量统计、扶梯入口的人流量统计等。这类场景的客流量统计一般会在视频画面上设置一条直线段，当有乘客通过该直线段时，就会由计算机记录下通过的人数。该直线段就是通过在视频图像中绘制直线图形实现的。

1. 直线绘制原理

在计算机图形绘制中，绘制直线可以使用直线方程来实现。基于此，在图像中绘制直线时，可以在图像像素点所在的二维坐标系中，使用如公式（2-27）所示的直线方程：

$$y = ax + b \tag{2-27}$$

式中，a 代表直线的斜率；b 为直线的截距。

设直线的任意两个端点(x_0,y_0)和(x_1,y_1)，则 a、b 分别为

$$a = \frac{y_1 - y_0}{x_1 - x_0} \tag{2-28}$$

$$b = y_0 - ax_0 \tag{2-29}$$

由于图像像素点的坐标以整数表示，当斜率$|a|<1$时，可以通过 x 轴增量 dx 计算相应的 y 轴增量 dy，如下所示：

$$dy = a dx \tag{2-30}$$

当斜率$|a|>1$时，可以通过 y 轴增量 dy 计算相应的 x 轴增量 dx，如下所示：

$$dx = \frac{dy}{a} \tag{2-31}$$

2. 直线绘制应用

在图像中，设(x_1,y_1)为直线的开始点，(x_2,y_2)为直线的结束点。使用以下程序可以实现在指定的图像中绘制一条直线段。程序 2-27 展示了图像中直线绘制的效果。

```
#程序 2-27：图像中绘制直线
import cv2
def image_drawline(image,x1,y1,x2,y2,linewidth):
    result = cv2.line(image,(x1,y1),(x2,y2),(0,0,255),linewidth)
    return result
img = cv2.imread('station.png')
x1=90
y1=560
x2=355
y2=269
line_width=4
rst = image_drawline(img,x1,y1,x2,y2,line_width)
cv2.imshow("result", rst)
cv2.waitKey(0)
cv2.destroyAllWindows()
```

运行结果如图 2-30 所示。

从图 2-30 中可以看出，绘制的直线可以用于判断乘客在等待列车时是否有跨越黄色警戒线的情况发生，或是由监控管理人员借助绘制的直线在视频画面中判断是否有跨越黄色警戒线的可疑异常行为事件的发生。

图 2-30　图像中绘制直线的应用

2.4.2　在图像中绘制矩形

在人群异常行为图像研究中，可以使用矩形图形在图像中将异常行为人员的特征目标区域标示出来。

1. 矩形绘制原理

在图像中，一个矩形可以看成是由 4 条直线段连接而成。因此，假设矩形左上角像素顶点为(x_1,y_1)，右下角顶点为(x_2,y_2)，如图 2-31 所示，则该矩形的绘制可以由(x_1,y_1)、(x_1,y_2)、(x_2,y_2)、(x_2,y_1)等 4 个顶点相互连接的直线段绘制来实现。

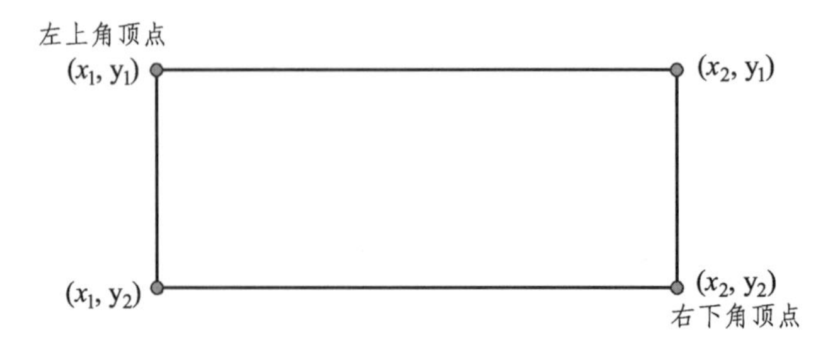

图 2-31　矩形绘制原理

2. 矩形绘制应用

在实际应用中，可以使用矩形将轨道交通客流运输中一些乘客的违规异常行为在图像中标示突显出来。以下程序实现用矩形对地铁中吸烟乘客图像的异常行为特征的标示。程序 2-28 展示了用矩形标注吸烟异常行为人员的吸烟动作。

```
#程序 2-28：矩形绘制应用
import cv2
def image_drawrectangle(image,x1,y1,x2,y2,thickness):
    result = cv2.rectangle(image,(x1,y1),(x2,y2),(55,255,155),5)
    return result
img = cv2.imread('smoking.png')
x1 = 170
y1 = 100
x2 = 250
y2 = 170
thickness = 5
rst = image_drawrectangle(img,x1,y1,x2,y2,thickness)
cv2.imshow("result", rst)
cv2.waitKey(0)
cv2.destroyAllWindows()
```

运行结果如图 2-32 所示。

图 2-32　图像中绘制矩形的应用

在图 2-32 中，程序使用矩形绘制将乘客的吸烟动作突显出来，有利于监管人员对该异常行为进行快速识别判断，并进行后续的进一步研究和分析。从程序可以看出，在函数 image_drawrectangle(image,x1,y1,x2,y2,thickness)中，(x1,y1)、(x2,y2)分别表示矩形左上角与右下角的两个点，thickness 用来设置矩形的厚度。

2.4.3 在图像中绘制圆形

在人群异常行为图像研究中，也可以使用圆形图形在图像中将异常行为人员的特征目标区域标示出来。

1. 圆形绘制原理

在图像像素点的二维坐标系中，给定圆形的原点(x_c,y_c)和半径 r，则圆形上任意一点像素点的(x,y)可以由圆形方程来表示，如公式(2-32)所示：

$$(x-x_c)^2+(y-y_c)^2=r^2 \tag{2-32}$$

利用该方程，可以通过 x 值计算出对应的 y 值，如公式(2-33)所示：

$$y=y_c\pm\sqrt{r^2-(x_c-x)^2} \tag{2-33}$$

由此可知，在图像中绘制圆形只需要确定圆形的圆心与半径即可。

2. 圆形绘制应用

设圆形的圆心坐标为(x_0,y_0)，半径是 r。使用以下程序可以实现在指定图像中绘制一个空心圆来表示异常行为的特征区域。

程序 2-29 展示了使用圆形标注吸烟行为人员的效果。

```
#程序 2-29：在图像中绘制圆形
import cv2
def image_drawcircle(image,x0,y0,r,thickness):
    result = cv2.circle(img,(x0,y0),r,(0,255,255),thickness)
    return result
```

```
img = cv2.imread('smoking.png')
x0 = 190
y0 = 70
r = 55
thickness = 3
rst = image_drawcircle(img,x0,y0,r,thickness)
cv2.imshow("result", rst)
cv2.waitKey(0)
cv2.destroyAllWindows()
```

运行结果如图 2-33 所示。

图 2-33　图像中绘制圆形的应用

2.4.4　在图像中绘制椭圆

在人群异常行为图像研究中，还可以使用椭圆图形在图像中将异常行为人员的特征目标区域标示出来。

1. 椭圆绘制原理

在图像中，由像素点组成的椭圆图形可以用椭圆方程来表示，如公式（2-34）所示：

$$\frac{(x-x_0)^2}{a^2}+\frac{(y-y_0)^2}{b^2}=1 \tag{2-34}$$

式中，(x_0,y_0)是圆心坐标，a 和 b 分别是椭圆的长短轴。

当(x_0,y_0)就是坐标中心点时，椭圆方程可以简化为如公式（2-35）所示：

$$\frac{x^2}{a^2}+\frac{y^2}{b^2}=1 \tag{2-35}$$

2. 椭圆绘制应用

程序 2-30 通过在图像中绘制一个椭圆来标示异常行为的特征区域。

```
#程序 2-30：在图像中绘制椭圆
import cv2
img = cv2.imread('smoking.png')
rst = cv2.ellipse(img,(190,70),(45,65),0,0,360,250,3)
cv2.imshow("result", rst)
cv2.waitKey(0)
cv2.destroyAllWindows()
```

运行结果如图 2-34 所示。

图 2-34　图像中绘制椭圆的应用

在图 2-34 中，我们通过椭圆将吸烟乘客的脸部进行了标示，以方

便监管人员识别判断。在程序中，ellipse 函数用于绘制椭圆图形，其中最后一个参数表示椭圆圆圈的宽度，当为-1 时，则表示对椭圆图形内部图像进行填充处理。

2.5　图像数据三维封装

对于一系列连贯的视频图像帧数据，可以将其封装为体数据，以便进行后续的图像处理或图像分析。体数据常被用于影像或其他序列图像的存储和分析。一般地，体数据根据其三维空间上离散数据间的连接关系可分为结构化数据、非结构化数据、结构化和非结构化混合型数据等 3 类。其中，结构化数据是在逻辑上组织成三维数组的空间离散数据，即这些空间离散数据的各个元素具有三维数组各元素之间的逻辑关系，每个元素都可以有它自己所在的层号、行号和列号。非结构化数据由一系列的单元构成，这些单元可以是四面体、六面体、三棱柱或者四棱锥等，但它不能组织成三维数组。

体数据是一种基于规则网格的标量数据场，科学计算可视化中的规则数据场指的是由均匀网格或规则网格组成的结构化数据，其数据分布在正方体或长方体组成的三维网格点上。每个网格是结构化数据的一个元素，即体素（Voxel）。假定数据场的函数值分布在体素 8 个顶点上，即位于顶点 (x_i, y_j, z_k) 处的函数值为 $f(x_i, y_j, z_k)$，对于节点 (x_i, y_j, z_k)，为了方便，把它记为 (i, j, k)，它对应的空间位置为 $(i*\Delta X, j*\Delta Y, k*\Delta Z)$，其中 $i\in Z, j\in Z, k\in Z$。在 x, y, z 方向相邻两节点间的间距分别为 $\Delta X, \Delta Y, \Delta Z$，相邻的八个网格节点构成一个长方体。经 XCT 扫描获得的一系列二维断层图像就属于这一类型。与此类似，我们也可以将连贯序列播放的视频帧图像数据视为这一类型，将其封装成体数据。

体数据在计算机中的表示方法是需要首先考虑的问题，体数据表示方法不同，相应的体视算法也会有些差别。目前，体数据的表示主要有三种方式：原始图像，二值化图像或者二值化图像的简化表示，以及原始图像加上属性的综合表示。第一种方式是把原始体数据原封不动的保留下来，这种表示方式的优点是不丢失信息，缺点是对机器内存要求高，处理速度慢；第二种方式是将灰度图像二值化，体数据的值只有 0 和 1 两个值，“1”代表有物体存在，“0”代表没有，这种简单的二值化方法可以使数据得到有效的压缩，减少了存储量，提高了处理速度，但失去了数据中包含的大量信息；第三种方式是利用体数据在空间区域的连贯性，对体数据进行有效压缩，这种方法实现起来比较复杂，目前并不常用。

关于体数据的表示方式涉及表示精度、存储量和处理时间之间的矛盾。上述三种表示方式各有优缺点，要根据实际问题的具体特点和要求加以选择。在人群异常行为图像研究中，由于需要准确再现原始影像数据，故采用原始图像来表示体数据。

监控视频图像实际上是一系列连贯的图像序列，为实现对序列图像的处理和分析，首先可以将这些序列图像封装为三维图像体数据。假设视频序列图像共有 k 幅图像，用 $I_z(x,y)$表示第 Z 张断层图像，$1 \leqslant X \leqslant n$，$1 \leqslant Y \leqslant m$，$1 \leqslant Z \leqslant k$，其中 m,n 分别是序列图像在二维平面上沿 X 和 Y 方向的分辨率。通过将视频图像序列在 Z 轴方向上堆叠可以形成三维数据结构，如图 2-35 所示。

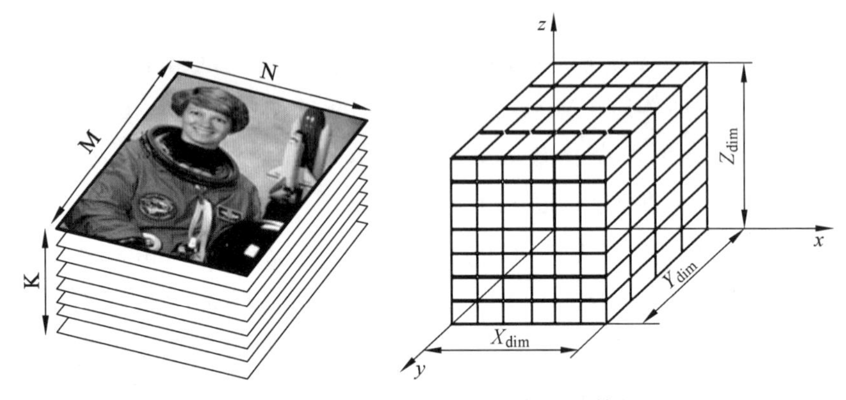

图 2-35　三维矩阵记录、结构化数据

由监控系统输出的视频序列图像，经过数字图像处理和色彩空间模型转换，可以转换成 8 位（256 级灰度）的 BMP 序列图像。在人群异常行为图像研究中，可以用三维矩阵来记录这些规则的结构化体数据，矩阵的形式为 $L \times M \times N$，其中 L、M 分别对应为序列图像的长和宽，

N 为序列图像数目，如图 2-35 所示。用这种三维矩阵记录体数据，体数据的空间位置与体素在矩阵中的位置是一一对应的，即体数据的空间位置为(i,j,k)，则其在矩阵中所对应的体素位置也是(i,j,k)，若矩阵为 A，则 $A(i,j,k)$表示该体素的灰度值。对于体数据的保存，则只需将存储体数据的矩阵以二进制文件形式保存即可。

第3章

人群异常行为图像增强技术

【本章引言】

在人群异常行为图像研究中，图像信息大部分来自视频监控影像数据，由于监控设备受自然条件、光照强度、物体移动、电磁干扰等因素影响，得到的影像画面不一定都清晰，常常会存在图像画面较暗、噪声干扰甚至被烟雾遮盖等问题，因此在进一步进行图像识别和分析之前，往往需要进行图像增强处理。

图像增强方式可分为两大类：频域方式和空域方式。频域方式把图像看成一种二维信号，通常对其进行二维傅里叶变换的信号增强。使用低通滤波（只让低频信号通过）去掉图中的噪声，采用高通滤波增强边缘等高频信号，从而使模糊的图片变得清晰。空域方式则有点域和邻域操作之分。其中点域操作采用灰度变换，通过增强图像对比度使图像更为清晰；邻域操作有求平均值法、中值滤波等方法，可用于去除或减弱噪声。

本章主要对人群异常行为图像研究中常用的灰度变换技术（点域方法）、中值滤波技术（邻域方法）、同态滤波技术（频域方法）以及形态学技术进行介绍和描述。这些技术主要用于增强图像中的有用信息，目的是针对给定图像的应用场合，改善图像的视觉效果（可能会造成图像数据部分失真），以便后续研究处理。

【内容提要】

3.1　灰度变换技术及方法
3.2　中值滤波技术及方法
3.3　同态滤波技术及方法
3.4　形态学技术及方法

3.1　灰度变换技术及方法

灰度变换是指根据某种目标条件按一定变换关系逐点改变原图图像中每一个像素灰度值的方法。其目的是为了改善画质，使图像的显示效果更加清晰。图像的灰度变换处理是图像增强处理技术中的一种常用、直接的空间域图像处理方法（梁琳等，2010），也是图像数字化处理和图像显示的一个重要组成部分。

3.1.1　灰度变换技术

监控视频影像都具有一定的亮度范围，通常将亮度范围的最大值与最小值之比称为对比度。对比度大时，表示亮度范围的最大值与最小值差别大，这时候人眼会感觉图像画面内容很清晰且区别大，当对比度小时，则表示亮度范围窄（即最大值与最小值差别小），此时人眼会感觉图像画面内容不清晰、区别小。由于受光照强度、人员移动、电磁干扰等限制，视频影像时常会出现对比度不明显（亮度范围窄）的现象，此时人眼查看图像时会感觉视觉效果很差。因此，在人群异常行为图像研究中，当图像对比度不足时，常常需要通过调整对比度来进行图像增强，以改善图像的清晰度。

灰度变换技术是通过调整对比度来改善图像清晰度的一种效果较好的图像增强技术。它通过一定映射关系逐点改变输入图像中的每个像素灰度值来改善亮度范围，使对比度由小变大，图像内容显示更为清晰。直方图均衡化处理就属于灰度变换的一种方法。

设输入图像的像素灰度值为 $f(x,y)$，对比度调整后输出图像的像素灰度值为 $g(x,y)$，则灰度变换的运算过程可表示为

$$g(x,y)=T\left[f(x,y)\right] \tag{3-1}$$

式中，T 称为灰度变换函数，表示输入图像像素灰度值和输出图像灰度值之间的映射关系。

从公式（3-1）看出，灰度变换具有以下特点：一是灰度变换主要针对独立的像素点进行逐点计算，因此它属于点运算；二是灰度变换

通过灰度变换函数 T 来改变原图图像（输入图像）像素灰度值的范围而使输出图像的对比度得到增大，在视觉上得到明显改善；三是可以选择不同的灰度变换函数 T，且使用不同的灰度变换函数，就算是同一输入图像也可能会得到不同的输出结果。

值得注意的是，选用灰度变换函数 T 的标准是经过灰度变换后，输出图像的像素值范围要得到扩展，对比度要得到增大，使图像内容变得更加清晰、细腻和锐化，视觉上更容易识别。简而言之，采用灰度变换技术对图像进行增强处理应大大改善图像的视觉效果。

根据灰度变换函数的映射关系，灰度变换方式可以分为线性变换方式和非线性变换方式。其中线性变换方式中灰度变换函数呈直线映射关系，非线性变换方式则包括对数、指数等映射关系。

1. 线性变换

在曝光度不足或过度的情况下，图像像素值可能会局限在一个很小的范围内。这时的影像画面将是一个模糊不清、没有层次的图像。这时我们可以用一个直线方程，对原图图像内的每一个像素的灰度值范围做线性扩展，这样能够直接有效地改善图像视觉效果。这种采用直线方程作为变换函数的灰度变换方式，就是线性变换。

设输入图像像素点灰度值 $f(x,y)$ 的范围为 $[a,b]$，线性变换后输出图像像素点灰度值 $g(x,y)$ 的范围扩展为 $[c,d]$，则输出图像和输入图像的像素灰度值线性变换为

$$g(x,y)=\frac{d-c}{b-a}[f(x,y)-a]+c \tag{3-2}$$

从式（3-2）可以看出，这是一个直线方程。这表明该线性灰度变换函数是一个一维线性函数。

有时候，对于一幅图像，可以根据其像素点的灰度值分布范围，对处于不同灰度值范围内的像素点采用不同的直线方程作为变换函数，或是直接将某个范围内的像素点灰度值设置成一个固定值。通过这样的变换，可以将感兴趣图像内容变得更加清晰，而将不感兴趣的内容信息压缩其灰度值范围，以便于把感兴趣的部分提取出来。

设输入图像像素的总灰度级数为 L，感兴趣部分的像素灰度值分

布在[a,b]区间内，这时对[a，b]区间内的像素值做线性变换，此区间外的像素灰度值设置为常数 c 和 d，则其变换方式为

$$g(x,y)=\begin{cases} c & 0\leqslant f(x,y)<a \\ \dfrac{d-c}{b-a}[f(x,y)-a]+c & a\leqslant f(x,y)\leqslant b \\ d & b<f(x,y)<L \end{cases} \quad (3\text{-}3)$$

从式（3-3）可以看出，这实际上是一个分段函数。事实上，它被称为分段线性变换。为了突出感兴趣的像素区间，并且抑制那些不感兴趣的像素区间，我们还可以使用以下分段线性变换方程，如

$$g(x,y)=\begin{cases} \dfrac{c}{a}f(x,y) & 0\leqslant f(x,y)<a \\ \dfrac{d-c}{b-a}[f(x,y)-a]+c & a\leqslant f(x,y)<b \\ \dfrac{L-1-d}{L-1-b}[f(x,y)-b]+d & b\leqslant f(x,y)<L-1 \end{cases} \quad (3\text{-}4)$$

由此可知，采用灰度线性变换方式来实现图像增强处理，实际上是增强图像中各部分之间的反差，通过增加图像中两个灰度值间的动态范围对比度来实现（即对比度拉伸）。此外，采用分段函数作为变换函数，可以通过调整折线拐点的位置及控制分段直线的斜率，可对任一像素值区间进行扩展或压缩。

2. 非线性变换

除了使用直线方程作为灰度变换函数，还可以使用对数函数、指数函数等非线性函数方程作为灰度变换函数。这种灰度变换方式被称为非线性灰度变换。

设输入图像像素点灰度值为 $f(x,y)$，非线性变换后输出图像像素点灰度值为 $g(x,y)$，则输出图像和输入图像的像素灰度值对数变换为

$$g(x,y)=a+b\log_c[f(x,y)+1] \quad (3\text{-}5)$$

输出图像和输入图像的像素灰度值指数变换为

$$g(x,y)=b^{c[f(x,y)-a]}-1 \quad (3\text{-}6)$$

式中，a、b、c 用于描述对数函数或指数函数的起始位置和形状。

从式（3-5）和式（3-6）可以看出，对数变换和指数变换的作用正好相反。对数变换使输入图像的低灰度值范围得到拉伸，高灰度值范围得到压缩，因此可以让低灰度值的图像内容信息得到增强；而指数函数使输入图像的高灰度值范围得到拉伸，低灰度值范围得到压缩，可以让高灰度值的图像内容信息得到增强。

3.1.2　灰度变换方法

在人群异常行为图像研究中，灰度变换的方法包括视频图像的灰度化处理、图像的二值化处理、伽马变换（即指数变换）、对数变换、反色变换等。

一张图片是由像素点矩阵构成，我们对图片进行操作即为对图片的像素点矩阵进行操作。我们只要在这个像素点矩阵中找到这个像素点的位置，比如第 x 行，第 y 列，所以这个像素点在这个像素点矩阵中的位置就可以表示成（x，y），因为一个像素点的颜色由红、绿、蓝三个颜色变量表示(R,G,B)，所以我们通过给这三个变量赋值，来改变这个像素点的颜色。

1. 彩色图像的灰度化处理

彩色图像的灰度化就是指将彩色影像图像转换为灰度图像。即将彩色图像中每个像素点的三个颜色变量相等，即 R=G=B。程序 3-1 实现了彩色图像的灰度化处理。

```
#程序 3-1：彩色图像的灰度化处理
import cv2
def image_gray(image):
    result = cv2.cvtColor(image,cv2.COLOR_BGR2GRAY)
    return result
img = cv2.imread('astronaut.png')
rst = image_gray(img)
cv2.imshow('origin',img)
cv2.imshow('result',rst)
```

```
cv2.waitKey(0)
cv2.destroyAllWindows()
```

程序运行结果如图 3-1 所示。

（a）彩图　　（b）灰度图

图 3-1　彩色图像灰度化效果

2. 对图像进行二值化处理

图像二值化处理是指将输入图像每一个像素点的灰度值设置为 0 或 1，使输出图像变成黑白图像，即呈现黑、白两种颜色。若图像像素的灰度值范围为 0~255，那么二值化后输出图像的像素值为 0 或 255。程序 3-2 实现了彩色图像的二值化处理。

```
#程序 3-2：彩色图像二值化处理
import cv2
def image_binary(image):
    gray = cv2.cvtColor(image,cv2.COLOR_RGB2GRAY)
    ret, result = cv2.threshold(gray,150,255,cv2.THRESH_BINARY)
    return result
img = cv2.imread('astronaut.png')
rst = image_binary(img)
cv2.imshow('origin',img)
cv2.imshow('result',rst)
```

```
cv2.waitKey(0)
cv2.destroyAllWindows()
```

程序运行结果如图 3-2 所示。

图 3-2　彩色图像二值化处理

3. 对图像进行伽马变换

伽马变换是指通过指数函数的非线性变换，对曝光过度（过亮）或曝光不足（过暗）的图像进行增强和矫正，提升暗部细节，让图像变得更接近人眼视觉的响应。当伽马值小于 1 时，伽马变换会拉伸图像中像素值较低的区域，同时会压缩像素值较高的部分；当伽马值大于 1 时，伽马变换会拉伸图像中像素值较高的区域，同时会压缩像素值较低的部分。程序 3-3 实现了图像的伽马变换处理。

```
#程序 3-3：图像的伽马变换
import numpy as np
import cv2
def image_gamma(image, c, v):
    lut = np.zeros(256, dtype=np.float32)
    for i in range(256):
        lut[i] = c * i ** v
    result = cv2.LUT(image, lut)
    result = np.uint8(result+0.5)
```

```
    return result
img = cv2.imread('astronaut.png', cv2.IMREAD_GRAYSCALE)
rst = image_gamma(img, 0.00000005, 4.0)
cv2.imshow('origin', img)
cv2.imshow('result', rst)
cv2.waitKey(0)
cv2.destroyAllWindows()
```

程序运行结果如图 3-3 所示。

图 3-3　图像的伽马变换效果

4. 对图像进行对数变换

图像对数变换是指使用对数函数作为变换函数的非线性灰度变换。由于对数曲线在图像像素值较低的区域斜率大，在图像像素值较高的区域斜率较小，输入图像在经过对数变换后，其较暗区域的对比度将有所提升。因此，对数变换可用于增强图像的局部暗部细节。程序 3-4 实现了图像的对数变换。

```
#程序 3-4：图像的对数变换
import numpy as np
import matplotlib.pyplot as plt
import cv2
def image_log(image,c):
```

```
        temp = c*np.log(1.0+image)
        result = np.uint8(temp+0.5)
        return result
img = cv2.imread(filename)
rst = image_log(42, img)
cv2.imshow('origin', img)
cv2.imshow('result', rst)
cv2.waitKey(0)
cv2.destroyAllWindows()
```

程序运行结果如图 3-4 所示。

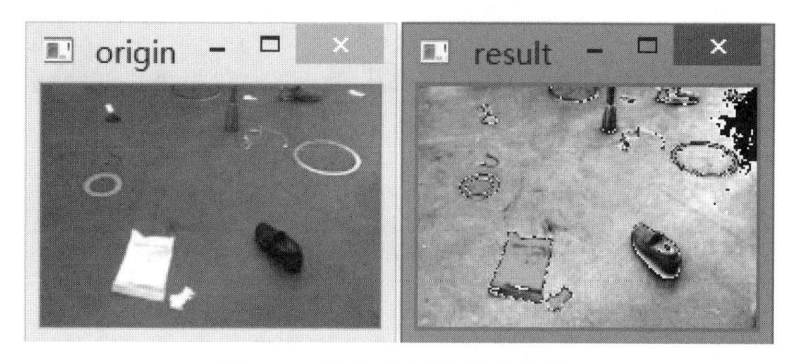

图 3-4　图像的对数变换效果

5. 对图像进行反色变换

反色变换就是指对输入图像（原图图像）像素的灰度值进行反转，即将白色变为黑色，黑色变为白色。程序 3-5 实现了图像的反色变换。

```
#程序 3-5：图像的反色变换
import cv2
def image_reverse(image):
        result = 255 - image
        return result
img = cv2.imread(filename)
rst = image_reverse(img)
cv2.imshow('origin',img)
```

```
cv2.imshow('result',rst)
cv2.waitKey(0)
cv2.destroyAllWindows()
```

程序运行结果如图 3-5 所示。

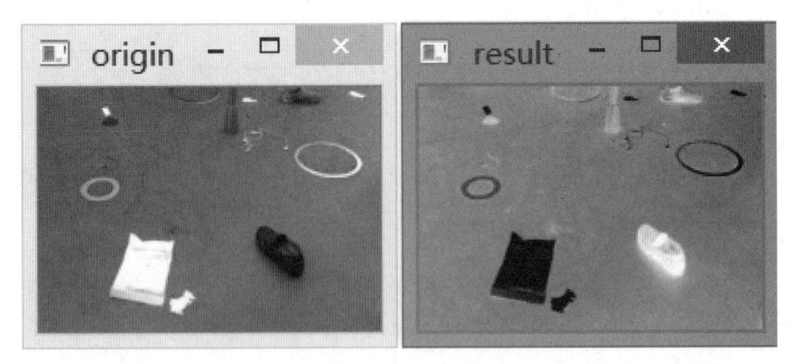

图 3-5 图像的反色变换效果

3.2 中值滤波技术及方法

中值滤波是一种非线性平滑技术，它将图像中每一像素点的灰度值设置为该点邻域窗口内的所有像素点灰度值的中值。可见，中值滤波是一种邻域空间的运算方法。

由于监控视频设备在获取影像过程中不可避免地会受到周围环境的影响而产生各种干扰或噪声图像，在对影像图像数据进行分析和识别之前，必须进行去除干扰和消除噪声等处理。

3.2.1 中值滤波原理

中值滤波是基于排序统计理论的一种能有效抑制噪声的非线性信号处理技术，使用中值滤波进行图像增强就是把数字图像中每个像素点的灰度值用该点邻域中的各个像素点的灰度中值替换。其原理就是利用像素点邻域周围的像素值中值更接近于场景影像的真实值，从而可以有效地消除孤立的噪声点。

中值滤波使用某种二维结构（如正方形、线状，圆形，十字形，圆环形等）作为邻域模板，将模板内的像素点按照像素值的大小进行排序，生成升序（或降序）的二维数据序列，则该二维数据序列的中值就作为该像素点的灰度输出值。

由中值滤波的运算原理可以知道，中值滤波对脉冲噪声有良好的滤除作用，特别是在滤除噪声的同时，能够保护信号的边缘，使之不被模糊。这些优良特性是线性滤波方法所不具有的。此外，中值滤波的算法比较简单，也易于用软硬件实现。所以，在人群异常行为图像研究中，中值滤波有着重要和广泛的应用。中值滤波在人群异常行为图像处理中，常用于保护异常行为目标区域的边缘信息。

在实际应用中，随着所选用窗口长度的增加，滤波的计算量将会迅速增加。因此，寻求中值滤波的快速算法，是中值滤波技术的一个重要研究内容。

3.2.2　中值滤波方法

在图像处理中，在进行如边缘检测这样的进一步处理之前，通常需要进行一定程度的降噪。中值滤波是一种非线性数字滤波器技术，经常用于去除图像或者其他信号中的噪声。它的计算过程就是检查输入信号中的采样并判断它是否代表了信号，使用奇数个采样组成的观察窗实现这项功能，将观察窗口中的数值进行排序，位于观察窗中间的中值作为输出。最后，丢弃最早的值，取得新的采样，重复上面的计算过程。中值滤波是一种非线性的图像处理方法，它对于斑点噪声和椒盐噪声来说尤其有用，在去噪的同时可以兼顾到边界信息的保留。保存边缘的特性使它在不希望出现边缘模糊的场合也很有用。程序 3-6 展示了中值滤波的图像处理效果。

```
#程序 3-6：中值滤波
import cv2
def image_median(image):
    result = cv2.medianBlur(image, 3)
    return result
```

```
img = cv2.imread('boy.png')
rst = image_median(img)
cv2.imshow("orign", img)
cv2.imshow("result", rst)
cv2.waitKey(0)
cv2.destroyAllWindows()
```

程序运行结果如图 3-6 所示。从结果可以看出，中值滤波可以将图像中各个目标区域内部像素的灰度值范围变得平缓均匀，但是付出的代价是使整个图像变得模糊，从人眼的视觉角度而言，图像变得不清晰。

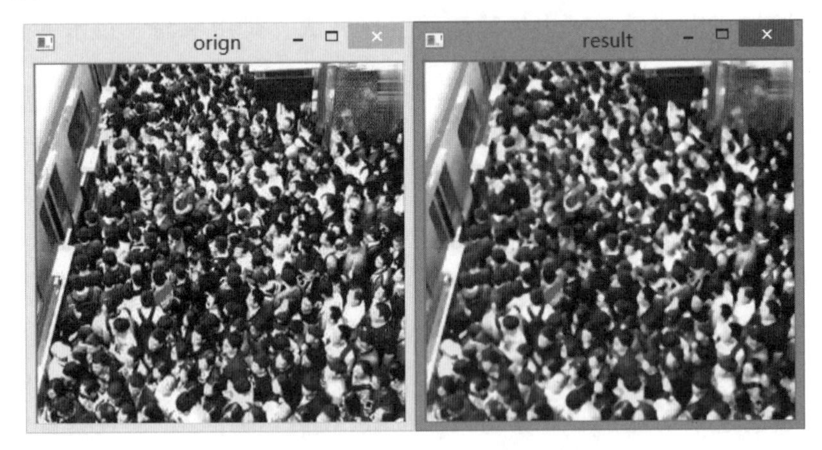

图 3-6　图像中值滤波效果

3.2.3　一种自适应中值滤波处理方法

在视频影像的获取过程中，由于影像设备中各电子器件的随机扰动和周围环境的影响，使图像多少含有噪声和失真，影响了目标内容信息的分割与提取，因而常用滤波处理来增强图像特征。当输入图像信号混入噪声后，用滤波方法把噪声全部滤除而不损失原信号的强度几乎是不可能的。因此，对滤波处理的要求是：① 最大限度地保持信号不受损失，不损坏图像的轮廓及边缘等重要信息；② 尽可能多地滤

除噪声，使图像清晰，视觉效果好。

由于均值滤波等线性滤波器在消除噪声的同时会将图像中的一些细节模糊掉，如果既要消除噪声又要保持图像的细节，一般可以使用中值滤波。中值滤波是基于排序统计理论的一种能有效抑制噪声的非线性信号处理技术。中值滤波的优点是运算简单且速度较快，常用于消除随机脉冲噪声，在滤除叠加白噪声和长尾叠加噪声方面显示出了极好的性能。中值滤波方法可以去除噪声，保护图像边缘，使图像较好地复原，适用于一些线性滤波器无法胜任的数字图像处理的应用场合。传统的中值滤波器是在图像上滑动一个含有奇数个像素的窗口，对该窗口所覆盖像素的灰度按大小进行排序，处在灰度序列中间的那个灰度值称为中值，用它来代替窗口中心所对应像素的灰度。考虑到传统的中值滤波所使用的窗口模板一般是预先设立的，没有考虑图像特性在不同位置之间的差异，因此这里提出一种自适应中值滤波算法，可以通过使用能够根据被滤波区域的图像特性自适应的滤波器来改进结果。

设 F_{xy} 表示一个将被处理的、中心在 (x,y) 处的子图像。用 $P_{\min}$ 表示 F_{xy} 中的最小亮度值，用 $P_{\max}$ 表示 F_{xy} 中的最大亮度值，用 P_{med} 表示 F_{xy} 中的亮度中值，用 P_{xy} 表示坐标 (x,y) 处的亮度值。则自适应中值滤波器的算法如下：

（1）若 $P_{\min} < P_{\text{med}} < P_{\max}$，则转向（3）；否则增加窗口尺寸。

（2）若窗口尺寸 $\leqslant W_{\max}$，则重复（1）；否则输出 P_{med}。

（3）若 $P_{\min} < P_{xy} < P_{\max}$，则输出 P_{xy}；否则输出 P_{med}。

其中，$W_{\max}$ 表示允许的最大自适应滤波器窗口的大小。

图 3-7 展示了传统的中值滤波和自适应中值滤波对一幅添加了椒盐噪声污染图像的滤波效果。其中图 3-7（a）表示的是原图图像，图 3-7（b）是图 3-7（a）添加了椒盐噪声污染后的图像效果，图 3-7（c）是使用传统中值滤波对图 3-7（b）的图像滤波增强效果，图 3-7（d）是使用自适应中值滤波对图 3-7（b）的图像滤波增强效果。

由增强效果比较可以看出：图 3-7（b）图像经过传统中值滤波处理，图像上的椒盐噪声大部分被去除，但仍有不少噪声残留，同时整个图像（特别是细节边缘部分）显得有点模糊和失真；而图 3-7（b）

图像经过自适应中值滤波增强处理后，图像上的椒盐噪声基本被去除，同时图像中各部分细节的边缘并未被过滤模糊掉，反而变得清晰。因此自适应中值滤波的图像增强效果比传统中值滤波要好。

（a）原图

（b）加椒盐噪声污染后的图像

（c）传统的中值滤波

（d）自适应中值滤波

图 3-7　自适应中值滤波效果

3.3 同态滤波技术及方法

同态滤波是一种广泛用于信号和图像处理的技术，将原本的信号经由非线性映射，转换到可以使用线性滤波器的不同域，做完运算后再映射回原始域。同态的性质就是保持相关的属性不变，而同态滤波的好处是将原本复杂的运算转为效能相同但相对简单的运算。

3.3.1 同态滤波原理

同态滤波利用去除乘性噪声，可以同时增加对比度以及标准化亮度，借此达到图像增强的目的。一幅图像可以表示为其照度分量和反射分量的乘积，虽然在时域上这两者是不可分离的，但是经由傅里叶转换两者在频域中可以线性分离。由于照度可视为环境中的照明，相对变化很小，可以看作是图像的低频成分；而反射率相对变化较大，则可视为高频成分。通过分别处理照度和反射率对像元灰度值的影响，通常是借由高通滤波器，让图像的照明更加均匀，达到增强阴影区细节特征的目的。

同态变换一般是指将非线性组合信号通过某种变换，使其变成线性组合信号，从而可以更方便的运用线性操作对信号进行处理。同态滤波是一种基于频域处理的图像增强方法。

所谓非线性组合信号，举例来说，比如 $z(t) = x(t)\ y(t)$，两个信号相乘得到组合信号，由于时域相乘等价于频率域卷积，所以无法在频率域将其分开。但是我们应用一个 log 算子，对两边取对数，则有 $\log[z(t)] = \log[x(t)] + \log[y(t)]$，这样一来，就变成了线性组合的信号，$\log[x(t)]$和 $\log[y(t)]$时域相加，所以频域也是相加的关系，如果它们的频谱位置不同，就可以通过傅里叶变换较好的分开，以便分别进行后续操作，比如应用高、低通滤波或者其他手工设计的滤波器等，然后再进行结果傅里叶反变换，对得到的处理结果再取幂，就可以得到最终的处理结果。

3.3.2 同态滤波处理方法

同态滤波是对图像取对数运算，将乘积模型转化为加性模型。取对数运算后，照度分量和反射分量所处区域不变，对数区域将照度分量和反射分量区分开来。

设图像函数 $f(x,y)$ 由入射分量 $i(x,y)$ 和反射分量 $r(x,y)$ 的乘积组成，则数字图像 $f(x,y)$ 可以表示为

$$f(x,y)=i(x,y)\times r(x,y) \tag{3-7}$$

对式(3-7)两边取对数，则有

$$\ln f(x,y)=\ln i(x,y)+\ln r(x,y) \tag{3-8}$$

令 $z(x,y)=\ln f(x,y)$，对式(3-8)进行傅里叶变换得

$$F[z(x,y)]=F[\ln i(x,y)]+F[\ln r(x,y)] \tag{3-9}$$

即

$$Z(u,v)=F_i(u,v)+F_r(u,v) \tag{3-10}$$

用滤波函数 $H(u,v)$ 对 $Z(u,v)$ 进行处理，则有

$$H(u,v)Z(u,v)=H(u,v)F_i(u,v)+H(u,v)F_r(u,v) \tag{3-11}$$

令 $S(u,v)=H(u,v)Z(u,v)$ 并对式(3-11)进行傅里叶逆变换得

$$\begin{aligned}s(x,y)&=F^{-1}[S(u,v)]\\&=F^{-1}[H(u,v)F_i(u,v)]+F^{-1}[H(u,v)F_r(u,v)]\end{aligned} \tag{3-12}$$

令 $i'(x,y)=F^{-1}[H(u,v)F_i(u,v)]$ 和 $r'(x,y)=F^{-1}[H(u,v)F_r(u,v)]$，则有

$$s(x,y)=i'(x,y)+r'(x,y) \tag{3-13}$$

最后取对数得到滤波后的图像：

$$g(x,y)=\mathrm{e}^{s(x,y)}=\mathrm{e}^{i'(x,y)}+\mathrm{e}^{r'(x,y)}=i_0(x,y)+r_0(x,y) \tag{3-14}$$

由上面可知，同态滤波的关键就是能将入射分量和反射分量分开，可以用同态滤波器 $H(u,v)$ 对其进行处理。图像入射分量通常以空间域的慢变化为特征，而反射分量往往引起突变，特别是在物体的边缘部分。这些特性使得图像的低频部分跟入射相联系，而高频部分和反射相联系。这时就可以根据需要对入射分量和反射分量进行调整，为了消除照度不均的影响，应衰减入射分量的频率成分，另外，为了更清楚地显示暗区的细节，应该对反射分量进行增强。

3.3.3　同态滤波的应用

在人群异常行为图像处理中，常常会遇到动态范围很大但是暗区的细节又不清楚的现象，我们希望增强暗区细节的同时不损失亮区细节。这时候可以采用同态滤波方法进行处理，以增强图像目标区域，方便后续分析和处理。

根据上述同态处理方法，可以设计一个同态滤波器对图像进行增强处理，显示暗区的更多细节。程序 3-7 通过同态滤波的方式实现了对一幅地铁站台图像暗区细节的增强处理。

```
#程序 3-7：同态滤波图像增强
import sys
import numpy as np
import cv2
def fft2Image(src):
    r,c = src.shape[:2]
    rPadded = cv2.getOptimalDFTSize(r)
    cPadded = cv2.getOptimalDFTSize(c)
    fft2 = np.zeros((rPadded,cPadded,2),np.float32)
    fft2[:r,:c,0]=src
    cv2.dft(fft2,fft2,cv2.DFT_COMPLEX_OUTPUT)
    return fft2
def amplitudeSpectrum(fft2):
    real2 = np.power(fft2[:,:,0],2.0)
```

```
    Imag2 = np.power(fft2[:,:,1],2.0)
    amplitude = np.sqrt(real2+Imag2)
    return amplitude
def image_homomorphicFilter(image):
    lI = np.log(image+1.0)
    lI = lI.astype(np.float32)
    fI = np.copy(lI)
    for r in range(image.shape[0]):
        for c in range(image.shape[1]):
            if (r+c)%2:
                fI[r][c] = -1*fI[r][c]
    fft2 = fft2Image(fI)
    amplitude = amplitudeSpectrum(fft2)
    minValue,maxValue,minLoc,maxLoc = cv2.minMaxLoc(amplitude)
    rows,cols = fft2.shape[:2]
    r,c = np.mgrid[0:rows:1,0:cols:1]
    c-=maxLoc[0]
    r-=maxLoc[1]
    d = np.power(c,2.0)+np.power(r,2.0)
    high,low,k,radius = 2.5,0.5,1,300
    heFilter =(high-low)*(1-np.exp(-k*d/(2.0*pow(radius,2.0))))+low
    fft2Filter = np.zeros(fft2.shape,fft2.dtype)
    for i in range(2):
        fft2Filter[:rows,:cols,i] = fft2[:rows,:cols,i]*heFilter
    ifft2 = cv2.dft(fft2Filter,flags=cv2.DFT_REAL_OUTPUT+
cv2.DFT_INVERSE+cv2.DFT_SCALE)
    ifI = np.copy(ifft2[:image.shape[0],:image.shape[1]])
    for i in range(ifI.shape[0]):
        for j in range(ifI.shape[1]):
            if (i+j)%2:
                ifI[i][j] = -1*ifI[i][j]
```

```
        eifI = np.exp(ifI)-1
        eifI = (eifI-np.min(eifI))/(np.max(eifI)-np.min(eifI))
        eifI = 255*eifI
        result = eifI.astype(np.uint8)
        return result
    img = cv2.imread(filename,cv2.IMREAD_GRAYSCALE)
    cv2.imshow("origin",img)
    rst = image_homomorphicFilter(img)
    cv2.imshow("result",rst)
    cv2.waitKey(0)
    cv2.destroyAllWindows()
```

程序运行结果如图 3-8 所示。可以看出，原图图像［见图 3-8（a）］方框处有一个人影，由于亮度较暗，人影并不明显，如果不事先提醒，根本不会留意到。此外，原图整个图像的像素灰度也不够均匀。经过同态滤波进行亮度校正后，结果图像［见图 3-8（b）］的灰度值趋向均匀，整幅图像的亮度和边缘细节的清晰度得到了明显增强，图 3-8（b）方框处的人影已明显地呈现出来。从这个案例可以知道，同态滤波可以有效地改善图像的细节清晰度，使图像像素灰度值趋向均匀，从而使图像画面得到明显的增强，更有利于图像的后续处理。

（a）原图

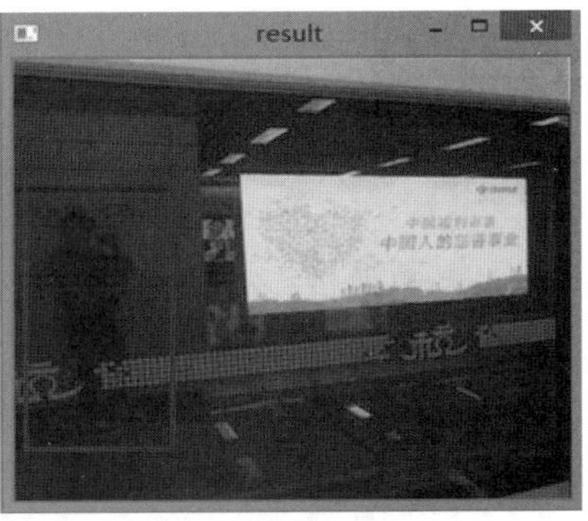

（b）结果

图 3-8　同态滤波结果

3.4 形态学技术及方法

数学形态学（Mathematical Morphology）是以集合论和拓扑学为基础实现图像处理与分析的数学工具。它使用具有一定形态的结构元素去度量和提取图像中对应形状，以此来达到对图像分析和识别的目的。数学形态学图像处理实际上也是一种领域空间图像处理技术。它的主要运算包括腐蚀、膨胀、开运算、闭运算等四种（安静等，2017）。基于这些运算还可推导和组合成各种数学形态学实用算法，如骨架抽取、极限腐蚀、击中击不中变换、形态学梯度、Top-hat 变换、颗粒分析、流域变换等。用它们可以进行图像形状和结构的分析和处理，包括图像分割、特征提取、边缘检测、图像滤波、图像增强和恢复等。

3.4.1 形态学方法

数学形态学方法进行图像增强处理的基本思想是选择具有一定尺寸和形状的结构元素度量并提取图像中相关形状结构的图像分量，以此来达到对图像增强的目的（万丽等，2009）。需要注意的是，数学形态学方法主要用于二值图像和灰度图像的处理和分析。

利用数学形态学处理图像具有以下优点：

（1）进行图像增强时，可以借助先验的几何特征信息，利用形态学算子有效消除噪声，并保留图像的原有信息。

（2）进行边缘信息提取时，对噪声不敏感，能够得到光滑的边缘结果。

（3）对图像进行骨架提取时，也能够得到比较连续的结果。

（4）算法便于使用软硬件进行实现。

数学形态学常用的方法包括腐蚀、膨胀、开运算、闭运算、形态学梯度、Top-hat 变换等，下面分别介绍。

1. 腐蚀运算

腐蚀是数学形态学的一种基本运算。它使用结构元素对目标图像

进行检测，若结构元素包含在目标图像内，则将结构元素原点对应目标图像中的像素值设置为“1”，否则为“0”。

设目标图像为 A，结构元素为 B，则使用 B 对 A 进行腐蚀运算可以表示为 $A \ominus B$。腐蚀运算具有收缩图像目标区域的作用，将两个粘连目标区域分开，在实际应用中，可以用腐蚀运算去除目标区域之间的粘连，消除图像背景中的小颗粒噪声。程序 3-8 展示了腐蚀运算的效果。

```
#程序 3-8：形态学腐蚀运算
import cv2
import numpy as np
def image_erode(image,n):
    e = np.uint8(np.zeros((n, n)))
    for i in range(n):
        e[2, i] = 1
        e[i, 2] = 1
    print(e)
    result = cv2.erode(image, e)
    return result
img = cv2.imread('astronaut_gray.png', 0)
ret, img_binary = cv2.threshold(img, 0, 255,
            cv2.THRESH_BINARY+cv2.THRESH_OTSU)
num = 3
img_eroded = image_erode(img_binary,num)
cv2.imshow('Binary Image', img_binary)
cv2.imshow('Eroded Image', img_eroded)
cv2.waitKey(0)
cv2.destroyAllWindows()
```

程序运行结果如图 3-9 所示。

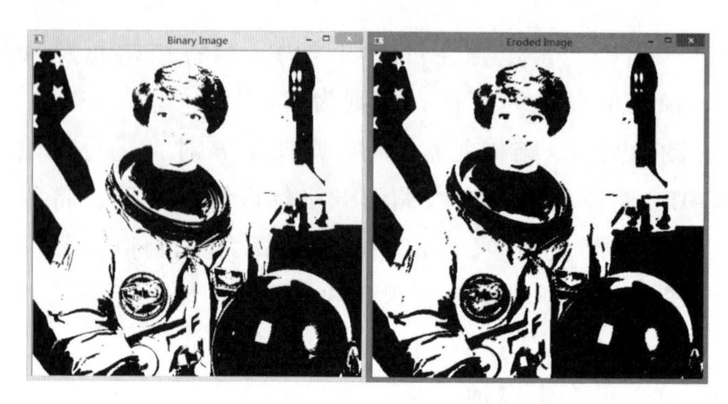

图 3-9　形态学腐蚀运算效果

2. 膨胀运算

膨胀也是数学形态学的一种基本运算，它使用结构元素对目标图像进行检测，若结构元素原点包含在目标图像内，则将结构元素对应目标图像中的像素值设置为“1”，否则为“0”。

设目标图像为 A，结构元素为 B，则使用 B 对 A 进行膨胀运算可以表示为 $A \oplus B$。与腐蚀运算相反，膨胀运算对图像目标区域具有扩张作用。在形态学膨胀运算中，当结构元素在目标图像中移动时，它可以较好地填充目标区域内的空隙和连接相邻间距较小的目标区域。程序 3-9 展示了形态学膨胀运算的效果。

```
#程序 3-9：形态学膨胀运算
import cv2
import numpy as np
def image_dilate(image,n):
    e = np.uint8(np.zeros((n, n)))
    for i in range(n):
        e[2, i] = 1
        e[i, 2] = 1
    print(e)
    result = cv2.dilate(img_binary, e)
    return result
img = cv2.imread('astronaut_gray.png', 0)
```

```
ret, img_binary = cv2.threshold(img, 0, 255,
                        cv2.THRESH_BINARY+cv2.THRESH_OTSU)
num = 3
img_dilate = image_dilate(img_binary,num)
cv2.imshow('Binary Image', img_binary)
cv2.imshow('Dilate Image', img_dilate)
cv2.waitKey(0)
cv2.destroyAllWindows()
```

程序运行结果如图 3-10 所示。

图 3-10　形态学膨胀运算效果

3. 开运算

开运算实际上就是对目标图像先进行腐蚀运算，然后再进行膨胀运算。在人群异常行为图像研究中，对目标图像进行开运算可以去掉目标区域周边的细小杂质和噪声。程序 3-10 展示了形态学开运算的效果。

```
#程序 3-10：形态学开运算
import cv2
import numpy as np
def image_open(image,n):
    e = np.ones((n, n), np.uint8)
    result = cv2.morphologyEx(image, cv2.MORPH_OPEN, e)
```

```
        return result
img = cv2.imread('astronaut_gray.png', 0)
ret, img_binary = cv2.threshold(img, 0, 255,
                    cv2.THRESH_BINARY_INV+cv2.THRESH_OTSU)
for i in range(2000):
        _x = np.random.randint(0, img_binary.shape[0])
        _y = np.random.randint(0, img_binary.shape[1])
        img_binary[_x][_y] = 255
num = 5
img_morphopen = image_open(img_binary,num)
cv2.imshow('Binary Image', img_binary)
cv2.imshow('Morph-Open Image', img_morphopen)
cv2.waitKey(0)
cv2.destroyAllWindows()
```

程序运行结果如图 3-11 所示。

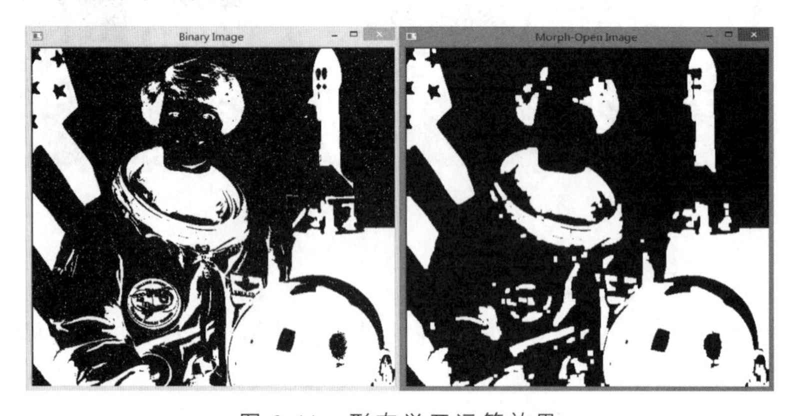

图 3-11　形态学开运算效果

4. 闭运算

与开运算相反，闭运算是指先对目标图像进行膨胀运算再进行腐蚀运算。在人群异常行为图像研究中，闭运算可以将图像中目标区域内的噪声去除掉。程序 3-11 展示了形态学闭运算的图像增强效果。

#程序 3-11：形态学闭运算

```
import cv2
import numpy as np
def image_close(image,n):
    e = np.ones((n, n), np.uint8)
    result = cv2.morphologyEx(image, cv2.MORPH_CLOSE, e)
    return result
img = cv2.imread('astronaut_gray.png', 0)
ret, img_binary = cv2.threshold(img, 0, 255,
                    cv2.THRESH_BINARY+cv2.THRESH_OTSU)
for i in range(20000):
    _x = np.random.randint(0, img_binary.shape[0])
    _y = np.random.randint(0, img_binary.shape[1])
    img_binary[_x][_y] = 0
num = 3
img_morphclose = image_close(img_binary,num)
cv2.imshow('Binary Image', img_binary)
cv2.imshow('Morph-Close Image', img_morphclose)
cv2.waitKey(0)
cv2.destroyAllWindows()
```

程序运行结果如图 3-12 所示。

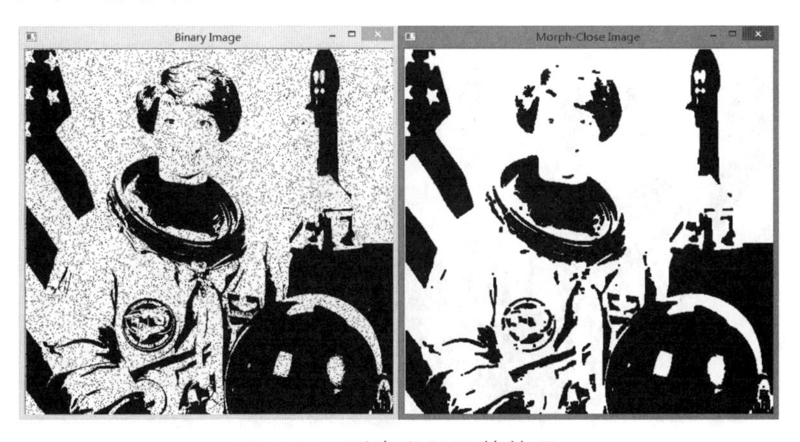

图 3-12　形态学闭运算效果

5. 形态学梯度

通过对图像膨胀和腐蚀的组合使用，使得处理后的图像如同提取了物体的轮廓。程序 3-12 展示了形态学梯度的处理效果。

```
#程序 3-12：形态学梯度
import cv2
import numpy as np
def image_gradient(image,n):
    e = np.ones((n, n), np.uint8)
    result = cv2.morphologyEx(image, cv2.MORPH_GRADIENT, e)
    return result
img = cv2.imread('astronaut_gray.png', 0)
ret, img_binary = cv2.threshold(img, 0, 255,
                          cv2.THRESH_BINARY+cv2.THRESH_OTSU)
num = 3
img_morphgradient = image_gradient(img_binary,num)
cv2.imshow('Binary Image', img_binary)
cv2.imshow('Morph-Gradient Image', img_morphgradient)
cv2.waitKey(0)
cv2.destroyAllWindows()
```

程序运行结果如图 3-13 所示。

图 3-13　形态学梯度运算效果

6. 高帽运算

高帽运算指的是目标图像与其进行开运算后的图像进行相减运算，对于差别之处显示其原有图色。程序 3-13 展示了形态学高帽运算的效果。

```
#程序 3-13：形态学高帽运算
import cv2
import numpy as np
def image_tophat(image,n):
    e = np.ones((n, n), np.uint8)
    result = cv2.morphologyEx(image, cv2.MORPH_TOPHAT, e)
    return result
img = cv2.imread('astronaut_gray.png', 0)
ret, img_binary = cv2.threshold(img, 0, 255,
                        cv2.THRESH_BINARY+cv2.THRESH_OTSU)
num = 2
img_tophat = image_tophat(img_binary,num)
cv2.imshow('Binary Image', img_binary)
cv2.imshow('Morph-TopHat Image', img_tophat)
cv2.waitKey(0)
cv2.destroyAllWindows()
```

程序运行结果如图 3-14 所示。

图 3-14　形态学高帽运算效果

7. 黑帽运算

黑帽指的是原始图像与其进行闭运算后的图像进行相减运算，对于差别之处显示原有图色的反颜色。程序 3-14 展示了形态学黑帽运算的效果。

```
#程序 3-14：形态学黑帽运算
import cv2
import numpy as np
def image_blackhat(image,n):
    e = np.ones((n, n), np.uint8)
    result = cv2.morphologyEx(image, cv2.MORPH_BLACKHAT, e)
    return result
img = cv2.imread('astronaut_gray.png', 0)
ret, img_binary = cv2.threshold(img, 0, 255,
                                cv2.THRESH_BINARY+cv2.THRESH_OTSU)
num = 2
img_blackhat = image_blackhat(img_binary,num)
cv2.imshow('Binary Image', img_binary)
cv2.imshow('Morph-BlackHat Image', img_blackhat)
cv2.waitKey(0)
cv2.destroyAllWindows()
```

程序运行结果如图 3-15 所示。

图 3-15　形态学黑帽运算效果

3.4.2　形态学应用

形态学理论有其独特之处，实际上，它类似于邻域图像增强技术，采用结构元素对输入图像进行增强处理。借助形态学的腐蚀、膨胀、开运算、闭运算等基本运算组合运用，可以形成新的形态学图像增强方法，不但可以增强图像的目标区域，还可以提取目标区域的边缘以及获取目标区域内感兴趣的突出点。

1. 使用形态学方法检测图像中的边缘

形态学检测边缘的原理很简单：在膨胀时，图像中的物体会向周围“扩张”；腐蚀时，图像中的物体会“收缩”。由于这两幅图像变化的区域只发生在边缘。所以将两幅图像相减，得到的就是图像中物体的边缘。

程序 3-15 展示了使用形态学方法检测图像中的边缘。

```
#程序 3-15：检测图像中的边缘
import cv2
import numpy
def image_edge_detect(image):
    e = cv2.getStructuringElement(cv2.MORPH_RECT,(3, 3))
    print(e)
    image_dilate = cv2.dilate(image, e)
    cv2.imshow("image_dilate",image_dilate)
    image_eroded = cv2.erode(image, e)
    cv2.imshow("image_eroded",image_eroded)
    image_absdiff = cv2.absdiff(image_dilate,image_eroded);
    cv2.imshow("image_absdiff",image_absdiff)
    retval, image_threshold = cv2.threshold(image_absdiff,
                                40, 255, cv2.THRESH_BINARY);
    cv2.imshow("image_threshold",image_threshold)
    result = cv2.bitwise_not(image_threshold);
    return result
img = cv2.imread("astronaut.png",cv2.IMREAD_GRAYSCALE)
```

```
rst = image_edge_detect(img)
cv2.imshow("origin",img)
cv2.imshow("result",rst)
cv2.waitKey(0)
cv2.destroyAllWindows()
```

程序运行结果如图 3-16 所示。

图 3-16　形态学方法检测图像中的边缘

2. 使用形态学方法检测图像中的拐角

拐角的检测过程稍稍有些复杂。其原理是

（1）用十字形的结构元素膨胀像素，这种情况下只会在边缘处“扩张”，角点不发生变化。

（2）用菱形的结构元素腐蚀原图像，导致只有在拐角处才会“收缩”，而直线边缘都未发生变化。

（3）用 X 形膨胀原图像，角点膨胀的比边要多。这样第二次用方块腐蚀时，角点恢复原状，而边要腐蚀得更多。所以当两幅图像相减时，只保留了拐角处。

程序 3-16 使用形态学方法检测图像中的拐角。

```
#程序 3-16：检测图像中的拐角
import cv2
def image_inflexion_detect(image):
```

```
    temp = image.copy()
    #构造 5×5 的结构元素，分别为十字形、菱形、方形和 X 型
    cross = cv2.getStructuringElement(cv2.MORPH_CROSS,(5, 5))
    diamond = cv2.getStructuringElement(cv2.MORPH_RECT,(5, 5))
    diamond[0, 0] = 0
    diamond[0, 1] = 0
    diamond[1, 0] = 0
    diamond[4, 4] = 0
    diamond[4, 3] = 0
    diamond[3, 4] = 0
    diamond[4, 0] = 0
    diamond[4, 1] = 0
    diamond[3, 0] = 0
    diamond[0, 3] = 0
    diamond[0, 4] = 0
    diamond[1, 4] = 0
    square = cv2.getStructuringElement(cv2.MORPH_RECT,(5, 5))
    x = cv2.getStructuringElement(cv2.MORPH_CROSS,(5, 5))
    image_dilate_cross = cv2.dilate(temp,cross)
    image_erode_diamond = cv2.erode(image_dilate_cross, diamond)
    image_dilate_x = cv2.dilate(temp, x)
    image_erode_square = cv2.erode(image_dilate_x,square)
    image_absdiff = cv2.absdiff(image_erode_square, image_erode_
diamond)
    retval, result = cv2.threshold(image_absdiff, 40, 255, cv2.THRESH_
BINARY)
    for j in range(result.size):
        y = int(j / result.shape[0])
        x = int(j % result.shape[0])
        if result[x, y] == 255:
            cv2.circle(temp,(y,x),5,(255,0,0))
    return temp
```

```
img = cv2.imread("astronaut.png",0)
rst = image_inflexion_detect(img)
cv2.imshow("origin", img)
cv2.imshow("result", rst)
cv2.waitKey(0)
cv2.destroyAllWindows()
```

程序运行结果如图 3-17 所示。

图 3-17　形态学方法检测图像中的拐角

第 4 章

人群异常行为图像分割技术

【本章引言】

在人群异常行为图像研究中，将图像中感兴趣的部分或目标区域分割出来，对后期识别和分析研究非常有用且十分重要。常用的图像分割技术包括阈值分割、边缘检测、聚类分析、分水岭算法以及小波变换等方法。

本章主要介绍了人群异常行为图像研究中常见的阈值分割、边缘检测等方法，并提出了基于 Canny 算子的组合分割方法、基于聚类分析的图像分割方法、基于分水岭算法的图像分割方法、基于多尺度小波分析的图像分割方法等图像分割方法，并应用于人群异常行为图像的分割，对相关分割效果进行了讨论与分析。

【内容提要】

4.1　阈值分割技术及方法
4.2　基于微分算子的边缘检测技术
4.3　基于聚类分析的图像分割方法
4.4　基于分水岭算法的图像分割方法
4.5　基于多尺度小波分析的图像分割方法

4.1 阈值分割技术及方法

一幅图像包括目标物体、背景还有噪声，要想从多值的数字图像中直接提取出目标物体，常用的方法就是设定一个阈值 T，用 T 将图像的数据分成两部分：大于 T 的像素群和小于 T 的像素群。这是研究灰度变换的最特殊的方法，称为图像的二值化（Binarization）。

阈值分割法的特点：适用于目标与背景灰度有较强对比的情况，重要的是背景或物体的灰度比较单一，而且总可以得到封闭且连通区域的边界。

4.1.1 阈值分割原理

图像分割的基本原则就是使同一区域内部的特征或属性是相同或相近的，而这些特征或属性在相邻的区域则不同，存在差异。对于图像分割一般可以采用集合概念，定义如下：设集合 R 表示图像区域，对 R 分割就是将 R 分成若干个满足下面 5 个条件的非空子集（子区域）$R_1, R_2, \cdots, R_n$：

① $\bigcup_{i=1}^{n} R_i = R$；

② $R_i \cap R_j = \varnothing, \quad \forall i, j \quad i \neq j$；

③ $P(R_i) = \text{TRUE}, \quad \forall i$；

④ $P(R_i \cup R_j) = \text{FALSE}, \quad i \neq j$ 且 R_i 与 R_j 相邻；

⑤ R_i 是连通区域，$\forall i$。

其中，$P(R_i)$ 是对集合 R_i 中所有元素的逻辑谓词，表示属性或特征均一性原则，$\varnothing$ 表示空集。条件①表示分割所得到的全部子集的总和能够包括图像中所有像素，即分割是彻底的；条件②表示一个像素不能同时属于两个区域，即区域不能重叠；条件③表示区域内各像素属性或特征是相近的；条件④表示相邻的两个区域属性或特征是不同的；条件⑤表示同一区域中的像素是连通的。

由上述的定义可知：对于人群异常行为图像的分割，其基本出发点可以根据视频图像数据中像素值的两个特征：相似性和不连续性。

即图像数据中同一区域内部像素一般具有灰度相似性，而不同区域之间的边界上一般具有灰度不连续性，所以对图像的分割可以利用区域间的灰度相似性和灰度不连续性实现。

4.1.2　阈值分割方法

阈值分割方法是利用图像中区域间的像素值相似性来实现对感兴趣区域进行分割的一种方法。在人群异常行为图像研究中，常用的阈值分割方法包括全局阈值法、三角形阈值法、Otsu 方法、自适应阈值法等。

1. 全局阈值分割方法

全局阈值分割方法通过设定一个阈值来实现对整幅图像的分割，它是一种区域分割技术。设输入图像为 src(x,y)，输出图像为 dst(x,y)，设定的阈值为 thresh，则全局阈值分割方式如下：

$$\mathrm{dst}(x,y)=\begin{cases}\mathrm{maxval} & \text{if } \mathrm{src}(x,y)>\mathrm{thresh}\\ 0 & \text{其他}\end{cases} \tag{4-1}$$

$$\mathrm{dst}(x,y)=\begin{cases}0 & \text{if } \mathrm{src}(x,y)>\mathrm{thresh}\\ \mathrm{maxval} & \text{其他}\end{cases} \tag{4-2}$$

$$\mathrm{dst}(x,y)=\begin{cases}\mathrm{threshold} & \text{if } \mathrm{src}(x,y)>\mathrm{thresh}\\ \mathrm{src}(x,y) & \text{其他}\end{cases} \tag{4-3}$$

$$\mathrm{dst}(x,y)=\begin{cases}\mathrm{src}(x,y) & \text{if } \mathrm{src}(x,y)>\mathrm{thresh}\\ 0 & \text{其他}\end{cases} \tag{4-4}$$

$$\mathrm{dst}(x,y)=\begin{cases}0 & \text{if } \mathrm{src}(x,y)>\mathrm{thresh}\\ \mathrm{src}(x,y) & \text{其他}\end{cases} \tag{4-5}$$

式中，maxval 表示图像像素的最大值，threshold 表示一个固定的临界值。

程序 4-1 展示了通过指定阈值来实现对输入图像的全局阈值分割。

```
#程序 4-1：全局阈值分割
import cv2
def image_seg_thresh(image,thresh):
    ret, thresh_binary = cv2.threshold(image, thresh, 255, cv2.
```

```
THRESH_BINARY)
        cv2.imshow('THRESH_BINARY', thresh_binary)
        ret, thresh_binary_inv = cv2.threshold(image, thresh, 255,
cv2.THRESH_BINARY_INV)
        cv2.imshow('THRESH_BINARY_INV', thresh_binary_inv)
        ret, thresh_trunc = cv2.threshold(image, thresh, 255, cv2.
THRESH_TRUNC)
        cv2.imshow('THRESH_TRUNC', thresh_trunc)
        ret, thresh_tozero = cv2.threshold(image, thresh, 255, cv2.
THRESH_TOZERO)
        cv2.imshow('THRESH_TOZERO', thresh_tozero)
        ret, thresh_tozero_inv = cv2.threshold(image, thresh, 255,
                                     cv2.THRESH_TOZERO_INV)
        cv2.imshow('THRESH_TOZERO_INV', thresh_tozero_inv)
    img = cv2.imread('climb.png', 0)
    th = 125
    image_seg_thresh(img,th)
    cv2.imshow('origin', img)
    cv2.waitKey(0)
    cv2.destroyAllWindows()
```

运行结果如图 4-1 所示。

（a）原图图像

（b）设定阈值二值化分割

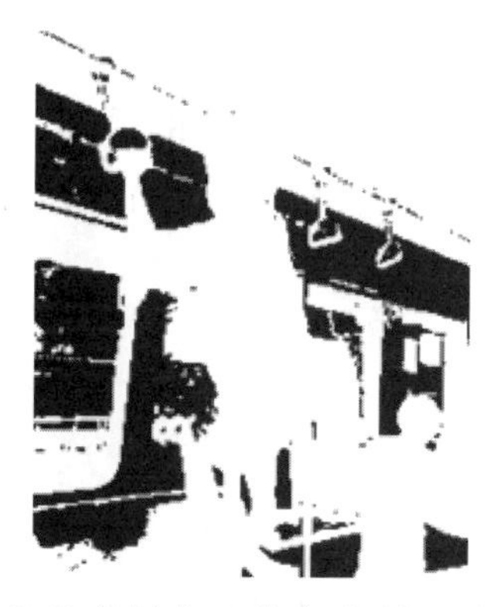

（c）设定阈值二值化分割后取反

（d）超过阈值设为常数

（e）阈值以下设为 0

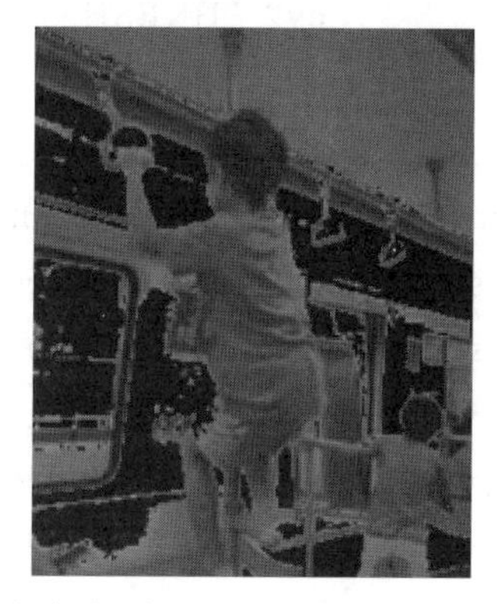

（f）阈值以下设为 0 后取反

图 4-1　全局阈值分割方法效果

2. 三角形法阈值分割

三角形法阈值分割是使用直方图分析，通过数学解析几何计算来寻找最佳阈值，该方法借助直方图分析找出最大波峰在靠近像素值亮的一侧，然后通过三角形求得最大直线距离，并根据最大直线距离对应的直方图像素值作为分割阈值。程序 4-2 展示了通过三角形算法求阈值来实现对输入图像的阈值分割。

```
#程序 4-2：三角形法阈值分割
import cv2
def image_seg_triangle(image):
    trianglethresh = 0
```

```
    maxval = 255
    tri_th, result = cv2.threshold(image, trianglethresh, maxval,
                cv2.THRESH_TRIANGLE + cv2.THRESH_BINARY)
    print (tri_th)
    return result
def image_seg_triangle_inv(image):
    trianglethresh = 0
    maxval = 255
    tri_th, result = cv2.threshold(image, trianglethresh, maxval,
        cv2.THRESH_TRIANGLE + cv2.THRESH_BINARY_INV)
    print (tri_th)
    return result
img = cv2.imread('dog8.png', cv2.IMREAD_GRAYSCALE)
rst1 = image_seg_triangle(img)
rst2 = image_seg_triangle_inv(img)
cv2.imshow("origin", img)
cv2.imshow('THRESH_TRIANGLE', rst1)
cv2.imshow('THRESH_TRIANGLE_INV', rst2)
cv2.waitKey(0)
cv2.destroyAllWindows()
```

程序运行结果如图 4-2 所示。

（a）原图

（b）三角形法阈值分割

（c）三角形法阈值分割取反

图 4-2　三角形法阈值分割效果

3. Otsu 阈值分割

Otsu（最大类间方差法）阈值分割是一种图像全局阈值分割方法，是在判别分析最小二乘法原理的基础上推导而来。该方法按照图像上灰度值的分布，将图像分成背景和前景两部分，前景就是需要按照阈值分割出来的部分，背景和前景的分界值就是我们要求的阈值。遍历不同的阈值，计算不同阈值下对应的背景和前景之间的方差，当方差取得极大值时，此时对应的阈值就是所求的阈值。

Otsu 算法设计如下：

（1）计算 0~255 各灰阶对应的像素个数，保存至一个数组中，该数组下标是灰度值，保存内容是当前灰度值对应像素数。

（2）计算背景图像的平均灰度、背景图像像素数所占比例。

（3）计算前景图像的平均灰度、前景图像像素数所占比例。

（4）遍历 0~255 各灰度值，计算并寻找类间方差极大值。

程序 4-3 展示了通过 Otsu 方法求阈值来实现对输入图像的阈值分割。

```
#程序 4-3：Otsu 阈值分割
import cv2
import matplotlib.pyplot as plt
def image_seg_otsu(image):
    # Otsu 方法
    ret, result = cv2.threshold(image, 0, 255,
                        cv2.THRESH_BINARY+cv2.THRESH_OTSU)
```

```
        print(ret)
        return result
def image_seg_thresh(image):
        ret, result = cv2.threshold(image, 127, 255, cv2.THRESH_ BINARY)
        print(ret)
        return result
def image_draw_histogram(image):
        plt.rcParams['font.sans-serif'] = ['SimHei']
        plt.rcParams['axes.unicode_minus'] = False
        plt.hist(image.ravel(), 256)
        plt.title('灰度直方图')
        plt.show()
img = cv2.imread('dog2.png', 0)
rst_otsu = image_seg_otsu(img)
rst_thresh = image_seg_thresh(img)
cv2.imshow('origin', img)
cv2.imshow('otsu', rst_otsu)
cv2.imshow('thresh', rst_thresh)
image_draw_histogram(img)
cv2.waitKey(0)
cv2.destroyAllWindows()
```

运行结果如图 4-3 所示。

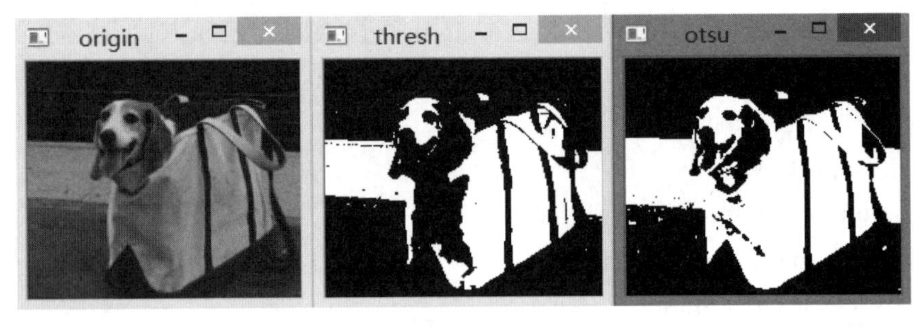

（a）原图　　（b）设定阈值分割　　（c）Otsu 法分割

图 4-3　Otsu 法阈值分割效果

4. 自适应阈值图像分割

自适应阈值图像分割可以看成是一种局部性的阈值分割。通过设定一个区域大小，比较这个点与区域大小里面像素点平均值的大小关系来确定这个像素点的灰度值。自适应阈值图像分割的特点是每个像素位置处的阈值不是固定不变的，而是由其周围邻域像素的分布来决定的。亮度较高的图像区域的阈值通常会较高，而亮度较低的图像区域的阈值则会相适应地变小。不同亮度、对比度、纹理的局部图像区域将会拥有相对应的局部二值化阈值。

程序 4-4 展示了通过自适应阈值法求阈值来实现对输入图像的阈值分割。

```
#程序 4-4：自适应阈值法图像分割
import cv2
def image_seg_thresh(image):
    ret,result = cv2.threshold(image, 127, 255, cv2.THRESH_ BINARY)
    return result
def image_seg_adapt(image):
    result = cv2.adaptiveThreshold(image, 255,
            cv2.ADAPTIVE_THRESH_MEAN_C, cv2.THRESH_BINARY,
            11, 2)
    return result
img = cv2.imread(filename, 0)
rst_thresh = image_seg_thresh(img)
rst_adapt = image_seg_adapt(img)
cv2.imshow('origin', img)
cv2.imshow('thresh', rst_thresh)
cv2.imshow('adapt', rst_adapt)
cv2.waitKey(0)
cv2.destroyAllWindows()
```

运行结果如图 4-4 所示。

（a）原图

（b）全局阈值分割

（c）自适应阈值分割

图 4-4　自适应阈值法图像分割效果

从图 4-4 中可以看出，自适应阈值分割对图像的分割结果相比于全局阈值分割，要更加细腻。自适应阈值分割可以根据局部像素灰度值的情况采用不同的阈值，这一点比全局阈值分割只能对整幅图像指定一个阈值要灵活得多，对图像的分割效果也更好些。

5. 直方图峰值法图像分割

直方图峰值法就是通过直方图技术首先找到图像像素灰度值的两个峰值，然后取这两个峰值之间的波谷位置所对应的像素值作为分割阈值。直方图峰值法对于具有明显波峰的图像分割效果较好。

程序 4-5 展示了通过直方图峰值法分割求阈值来实现对输入图像的阈值分割。

```
#程序 4-5：直方图峰值法分割
import cv2
```

```
import numpy as np
def caleGrayHist(image):
    rows, cols = image.shape
    grayHist = np.zeros([256], np.uint64)
    for r in range(rows):
        for c in range(cols):
            grayHist[image[r][c]] += 1
    return grayHist
def threshTwoPeaks(image):
    histogram = caleGrayHist(image)
    maxLoc = np.where(histogram==np.max(histogram))
    firstPeak = maxLoc[0][0]
    measureDists = np.zeros([256], np.float32)
    for k in range(256):
        measureDists[k] = pow(k-firstPeak,2)*histogram[k]
    maxLoc2 = np.where(measureDists==np.max(measureDists))
    secondPeak = maxLoc2[0][0]
    thresh = 0
    if firstPeak > secondPeak:
        temp = histogram[int(secondPeak):int(firstPeak)]
        minLoc = np.where(temp==np.min(temp))
        thresh = secondPeak + minLoc[0][0] + 1
    else:
        temp = histogram[int(firstPeak):int(secondPeak)]
        minLoc = np.where(temp==np.min(temp))
        thresh = firstPeak + minLoc[0][0] + 1
    threshImage_out = image.copy()
    threshImage_out[threshImage_out > thresh] = 255
    threshImage_out[threshImage_out <= thresh] = 0
    return (thresh, threshImage_out)
img = cv2.imread(filename, cv2.IMREAD_GRAYSCALE)
the, dst = threshTwoPeaks(img)
```

```
cv2.imshow("origin", img)
cv2.imshow('result', dst)
cv2.waitKey(0)
cv2.destroyAllWindows()
```

运行结果如图 4-5 所示。

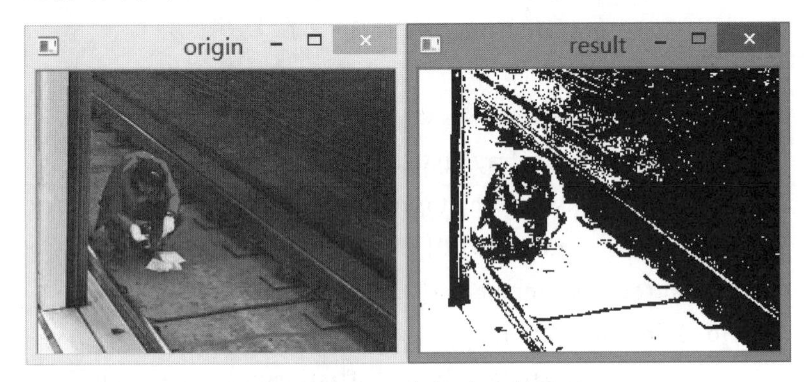

图 4-5　直方图峰值法分割效果

6. 熵算法图像分割

熵算法图像分割采用信息熵作为阈值选取的方法。熵是一种统计测量方法，用以确定随机数据源中所包含的信息数量。信息熵在图像处理中可以理解为图像信息的多少。例如包含有 n 个像素的图像 I，可以解释为包含有 n 个符号的信息。基于熵算法的图像分割就是通过利用图像的像素值信息，拟合灰度的概率分布函数，然后设定目标函数，目标函数最大化对应的阈值就是要找的分割阈值。程序 4-6 展示了通过熵算法求阈值来实现对输入图像的阈值分割。

```
#程序 4-6：熵算法图像分割
import cv2
import math
import numpy as np
def caleGrayHist(image):
    rows, cols = image.shape
    grayHist = np.zeros([256], np.uint64)
```

```
        for r in range(rows):
            for c in range(cols):
                grayHist[image[r][c]] +=1
        return grayHist
    def threshEntropy(image):
        rows, cols = image.shape
        grayHist = caleGrayHist(image)
        normGrayHist = grayHist/float(rows*cols)
        zeroCumuMoment = np.zeros([256], np.float32)
        for k in range(256):
            if k == 0 :
                zeroCumuMoment[k] = normGrayHist[k]
            else:
                zeroCumuMoment[k] = zeroCumuMoment[k-1] + norm
GrayHist [k]
        entropy = np.zeros([256], np.float32)
        for k in range(256):
            if k == 0 :
                if normGrayHist[k] == 0 :
                    entropy[k] = 0
                else:
                    entropy[k] = - normGrayHist[k] * math.log10
(normGrayHist[k])
            else:
                if normGrayHist[k] == 0 :
                    entropy[k] = entropy[k-1]
                else:
                    entropy[k] = entropy[k-1] - normGrayHist[k] *
                                        math.log10(normGrayHist[k])
        fT = np.zeros([256], np.float32)
        ft1, ft2 = 0.0, 0.0
        totalEntropy = entropy[255]
```

```
        for k in range(255):
            maxFront = np.max(normGrayHist[0:k+1])
            maxBack = np.max(normGrayHist[k+1:256])
            if maxFront==0 or zeroCumuMoment[k]==0 or maxFront== 1 or
                zeroCumuMoment[k]==1 or totalEntropy==0 :
                ft1 = 0
            else:
                ft1 = entropy[k]/totalEntropy*(math.log10(zero Cumu
Moment[k])/math.log10(maxFront))
            if maxBack==0 or 1-zeroCumuMoment[k]==0 or maxBack
==1 or 1-zeroCumuMoment[k]==1 :
                ft2 = 0
            else:
                if totalEntropy == 0 :
                    ft2 = (math.log10(1-zeroCumuMoment[k])/math.
 log10(maxBack))
                else:
                    ft2 = (1-entropy[k]/totalEntropy)*
                        (math.log10(1-zeroCumuMoment[k])/math.
                            log10(maxBack))
            fT[k] = ft1 + ft2
        threshLoc = np.where(fT==np.max(fT))
        thresh = threshLoc[0][0]
        threshold = np.copy(image)
        threshold[threshold > thresh] = 255
        threshold[threshold <= thresh] = 0
        return (thresh, threshold)
    img = cv2.imread(filename, cv2.IMREAD_GRAYSCALE)
    the, dst = threshEntropy(img)
    cv2.imshow("origin", img)
    cv2.imshow('result', dst)
    cv2.waitKey(0)
```

```
cv2.destroyAllWindows()
```

运行结果如图 4-6 所示。

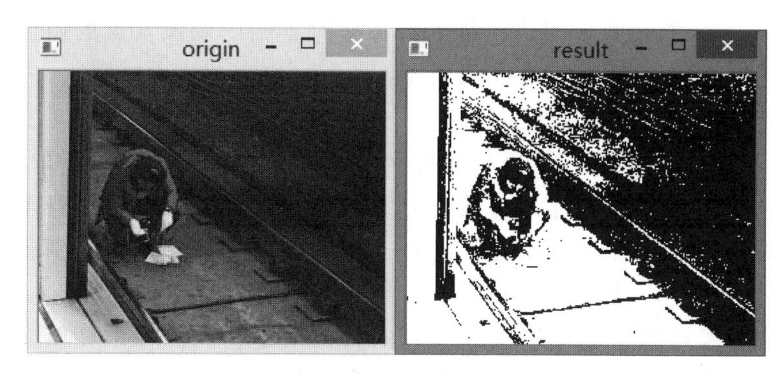

图 4-6　熵算法图像分割效果

4.2　基于微分算子的边缘检测技术

图像分割技术包括区域分割和边缘检测等两类方法。阈值分割属于区域分割方法，除此之外，还可以使用边缘检测方法来实现图像分割，如形态学中的边缘检测应用。除了形态学方法，我们还可以使用微分算子进行边缘检测。

4.2.1　边缘检测原理

在人群异常行为图像研究中，边缘检测是指检测出图像中目标区域的边缘信息。对人的视觉而言，人眼能够识别图像中某个目标物体的边缘，是因为它的边缘像素值与相邻周围背景的像素值存在明显的差别。事实上在图像中，目标区域的边缘其实就是其边界附近灰度值变化明显的像素点集合。对于图像中边缘的识别，可以使用数学理论中的导数来判断。导数是指连续函数上某点斜率。从理论上讲，图像中目标边缘区域的像素点导数越大，表示变化率越大，而引起变化率越大的像素点就越有可能是边界点。但在实际应用中，对数字图像而言，一般不直接用导数来判断边缘的像素点，因为在斜率 90°的地方，导数有可能无穷大，这时计算机难以表示出来。对边缘检测，通常使用微分方法。在数学上，微分与导数的关系可以表示为 $dy = f'(x)dx$。微分是指边缘连续函数上像素点 x 坐标变化了 dx，导致其 y 坐标变化了 dy，dy 值越大表示变化得越大，那么对整幅图像像素点的微分进行计算，dy 的大小就是边缘的强弱了。

边缘检测是图像处理中重要的一种图像分析方法，通过对目标区域边缘的检测和确定，可以将目标区域从复杂的背景图像中提取出来，尤其在进行人群异常行为图像研究中，将异常行为人员的全身图像、人脸图像、局部特征图像提取出来，对后续进行异常行为判别、归类等识别与分析非常有用。

在图像边缘检测中，边缘检测的目的就是找到图像中亮度变化剧烈的像素点构成的集合，最终体现出来的结果往往是目标区域的边界轮廓。因此，如果图像中的边缘能够被精确地测量和定位，那么就意味着该物体能够被定位和测量，包括物体的面积、物体的直径、物体的形状等就能被测量。

在实际图像边缘检测中，可以根据以下特征来寻找目标区域的边缘：① 深度的不连续；② 表面方向的不连续；③ 物体材料的不同；④ 场景中光照度的不同。

4.2.2 边缘检测方法

基于边缘检测的图像分割是利用图像数据中灰度不连续性进行分割的一种基于边界的分割技术。其中边缘检测技术是所有基于边界分割的图像分析方法的第一步，检测出边缘的图像就可以进行特征提取和形状分析。两个具有不同灰度的相邻区域间总是存在着一定的边界，由于边缘是图像上灰度变化最剧烈的地方，因此边缘检测利用了这个特点，对图像各个像素点进行微分或求二阶微分来确定边缘像素点。一阶微分图像的峰值处对应着图像的边缘点，二阶微分图像的过零点处对应着图像的边缘点。图像边缘提取的常用微分算子主要分为两类：一类是以一阶导数为基础的边缘检测算子，通过计算图像的梯度值来检测图像边缘，如 Roberts 算子、Sobel 算子、Prewitt 算子；另类是以二阶导数为基础的边缘检测算子，通过寻求二阶导数中的过零点来检

测边缘，如 Laplacian 算子、LOG 算子、Canny 算子。

1. 微分算子

根据数字图像的特点，处理图像过程中常用差分来代替导数运算，对于图像的一阶导数运算，由于具有固定的方向性，只能检测特定方向的边缘。为了克服这个缺点，定义图像的梯度为梯度算子：

$$G\left[F(i,j)\right]=\sqrt{\left(\frac{\partial F}{\partial i}\right)^2+\left(\frac{\partial F}{\partial j}\right)^2} \tag{4-6}$$

式中，$F(i,j)$ 表示图像的灰度值，图像梯度的最重要性质是梯度的方向是在图像灰度最大变化率上，它恰好可以反映出图像边缘上的灰度变化。

对于数字图像而言，可用差分近似表示梯度算子，式(4-6)用差分可以表示为

$$G[F(i,j)]=\left|F(i,j)-F(i-1,j)\right|+\left|F(i,j)-F(i,j-1)\right| \tag{4-7}$$

Roberts 算子采用 (i,j) 的对角方向相邻像点的差分来求梯度，其算子的表达式为

$$G\left[i,j\right]=\left|F(i,j)-F(i+1,j+1)\right|+\left|F(i+1,j)-F(i,j+1)\right| \tag{4-8}$$

式中，$G[i,j]$ 表示处理后 (i,j) 点的灰度值，$F(i,j)$ 表示处理前该点的灰度值。Roberts 算子所对应的模板，即差分 $F(i,j)-F(i+1,j+1)$ 和 $F(i+1,j)-F(i,j+1)$ 可以用矩阵表示为

$$\begin{pmatrix}1 & 0\\0 & -1\end{pmatrix},\ \begin{pmatrix}0 & -1\\1 & 0\end{pmatrix}$$

Sobel 算子采用像素 $F(x,y)$ 的 3×3 子域来求梯度，其算子的表达式为

$$\begin{aligned}G[i,j]=\ &|F(i-1,j+1)+2F(i,j+1)+F(i+1,j+1)-\\&F(i-1,j-1)-2F(i,j-1)-F(i+1,j-1)|+\\&|F(i-1,j-1)+2F(i-1,j)+F(i-1,j+1)-\\&F(i+1,j-1)-2F(i+1,j)-F(i+1,j+1)|\end{aligned} \tag{4-9}$$

Sobel 算子所对应的模板用矩阵表示为

$$\begin{pmatrix} 1 & 2 & 1 \\ 0 & 0 & 0 \\ -1 & -2 & -1 \end{pmatrix}, \begin{pmatrix} 1 & 0 & -1 \\ 2 & 0 & -2 \\ 1 & 0 & -1 \end{pmatrix}$$

Prewitt 算子也采用像素 $F(x,y)$ 的 3×3 子域来求梯度，其算子的表达式为

$$\begin{aligned} G[i,j] = \ & |F(i-1,j-1)+F(i,j-1)+F(i+1,j-1)- \\ & F(i-1,j+1)-F(i,j+1)-F(i+1,j+1)|+ \\ & |F(i-1,j-1)+F(i-1,j)+F(i-1,j+1)- \\ & F(i+1,j-1)-F(i+1,j)-F(i+1,j+1)| \end{aligned} \tag{4-10}$$

将 Prewitt 算子写成矩阵形式：

$$\begin{pmatrix} 1 & 1 & 1 \\ 0 & 0 & 0 \\ -1 & -1 & -1 \end{pmatrix}, \begin{pmatrix} 1 & 0 & -1 \\ 1 & 0 & -1 \\ 1 & 0 & -1 \end{pmatrix}$$

拉普拉斯算子是一种二阶边缘检测算子，它是一个线性的、位移不变的算子，定义为

$$\nabla^2 f(i,j) = \frac{\partial^2 f}{\partial i^2} + \frac{\partial^2 f}{\partial j^2} \tag{4-11}$$

由于图像边缘处的一阶微分（梯度）是极值点，图像边缘处的二阶微分是零，因而过零点的位置要比确定极值点容易，并且比较精确。但是二阶微分对噪声更为敏感，因此在对图像进行拉普拉斯算子进行边缘检测处理前，先对图像进行平滑滤波处理，把高斯平滑滤波器和拉普拉斯锐化滤波器结合起来，先平滑掉噪声，再进行边缘检测的方法叫作高斯拉普拉斯算子，即 LOG 算子。其模板为

$$\begin{pmatrix} -2 & -4 & -4 & -4 & -2 \\ -4 & 0 & 8 & 0 & -4 \\ -4 & 8 & 24 & 8 & -4 \\ -4 & 0 & 8 & 0 & -4 \\ -2 & -4 & -4 & -4 & -2 \end{pmatrix}$$

在 LOG 算子中对边缘进行判断时采用的技术是零交叉检测，在检测

前可以使用特定的滤波器对图像进行滤波，然后寻找零交叉点作为边缘。

Canny 算子利用 Gaussian 函数的一阶微分，在噪声抑制和边缘检测之间寻求较好的平衡。取 Gaussian 函数为

$$G(x,y)=\frac{1}{2\pi\sigma^2}\mathrm{e}^{-\frac{x^2+y^2}{2\sigma^2}} \tag{4-12}$$

在某一方向 n 上，$G(x,y)$ 的一阶方向导数为

$$G(x,y)_n=\partial G(x,y)/\partial n=n\cdot\Delta G(x,y) \tag{4-13}$$

式中，$n=\begin{bmatrix}\cos\theta\\ \sin\theta\end{bmatrix}$；$\nabla G(x,y)=\begin{bmatrix}\partial G(x,y)/\partial x\\ \partial G(x,y)/\partial y\end{bmatrix}$。

将 $G(x,y)_n$ 与 $f(x,y)$ 进行卷积，改变 n 的方向，使 $G(x,y)_n * f(x,y)$ 取得最大值的方向就是梯度方向，由

$$\begin{aligned}&\frac{\partial\left[G(x,y)_n * f(x,y)\right]}{\partial\theta}\\ =&\frac{\partial\left[\cos\theta\dfrac{\partial G(x,y)}{\partial x} * f(x,y)+\sin\theta\dfrac{\partial G(x,y)}{\partial y} * f(x,y)\right]}{\partial\theta}=0\end{aligned} \tag{4-14}$$

得到

$$\tan\theta=\frac{(\partial G(x,y)/\partial y) * f(x,y)}{(\partial G(x,y)/\partial x) * f(x,y)} \tag{4-15}$$

$$\cos\theta=\frac{(\partial G(x,y)/\partial x) * f(x,y)}{\left|\nabla G(x,y) * f(x,y)\right|} \tag{4-16}$$

$$\sin\theta=\frac{(\partial G(x,y)/\partial y) * f(x,y)}{\left|\nabla G(x,y) * f(x,y)\right|} \tag{4-17}$$

因此对应于 $G(x,y)_n * f(x,y)$ 变化最强的方向导数为

$$n=\frac{\nabla G(x,y) * f(x,y)}{\left|\nabla G(x,y) * f(x,y)\right|} \tag{4-18}$$

在该方向上 $G(x,y)_n * f(x,y)$ 有最大的输出响应

$$|G(x,y)_n * f(x,y)| = |\cos\theta(\partial G(x,y)/\partial x) * f(x,y) + \sin\theta(\partial G(x,y)/\partial y) * f(x,y)| \tag{4-19}$$

即

$$|G(x,y)_n * f(x,y)| = |\nabla G(x,y) * f(x,y)| \tag{4-20}$$

可见，Canny 算子是建立在 $\nabla G(x,y) * f(x,y)$ 基础之上，得到边缘强度和方向，通过阈值判定来检测边缘。在实际计算中，把 $\nabla G(x,y)$ 分解为两个一维滤波器：

$$\frac{\partial G(x,y)}{\partial x} = kx\mathrm{e}^{-\frac{x^2}{2\sigma^2}}\mathrm{e}^{-\frac{y^2}{2\sigma^2}} = h_1(x)h_2(y) \tag{4-21}$$

$$\frac{\partial G(x,y)}{\partial y} = ky\mathrm{e}^{-\frac{y^2}{2\sigma^2}}\mathrm{e}^{-\frac{x^2}{2\sigma^2}} = h_1(y)h_2(x) \tag{4-22}$$

式中，$h_1(x) = \sqrt{k}x\mathrm{e}^{-\frac{x^2}{2\sigma^2}}$；$h_2(y) = \sqrt{k}\mathrm{e}^{-\frac{y^2}{2\sigma^2}}$；$h_1(y) = \sqrt{k}y\mathrm{e}^{-\frac{y^2}{2\sigma^2}}$；$h_2(x) = \sqrt{k}\mathrm{e}^{-\frac{x^2}{2\sigma^2}}$

将两个滤波器分别与图像 $f(x,y)$ 进行卷积，即 $E_x = \frac{\partial G(x,y)}{\partial x} * f(x,y)$，$E_y = \frac{\partial G(x,y)}{\partial y} * f(x,y)$，则有

$$A(i,j) = \sqrt{E_x^2 + E_y^2} \tag{4-23}$$

$$\alpha(i,j) = \arctan\frac{E_y(i,j)}{E_x(i,j)} \tag{4-24}$$

式中，$A(i,j)$ 反映边缘强度，$\alpha(i,j)$ 表示垂直于边缘的方向。

2. 基于 Roberts 算子的边缘检测

Roberts 算子是一种利用局部差分寻找边缘的微分算子。Roberts 算子是一个 2×2 的模板，采用对角线方向相邻两像素之差近似梯度幅值检测边缘。从图像处理的实际效果来看，边缘定位较准，对噪声敏感，难以抑制噪声的影响。程序 4-7 展示了基于 Roberts 算子的边缘检测效果。

```
#程序 4-7：Roberts 算子边缘检测
import cv2
import numpy as np
```

```
def image_roberts_operator(roi):
    operator_first = np.array([[-1,0],[0,1]])
    operator_second = np.array([[0,-1],[1,0]])
    return np.abs(np.sum(roi[1:,1:]*operator_first))
                    +np.abs(np.sum(roi[1:,1:]*operator_second))
def image_roberts(image):
    image  =  cv2.copyMakeBorder(image,1,1,1,1,cv2.BORDER_
DEFAULT)
    for i in range(1,image.shape[0]):
        for j in range(1,image.shape[1]):
            image[i,j] = image_roberts_operator(image[i-1:i+2, j-1:j+2])
    return image[1:image.shape[0],1:image.shape[1]]
img = cv2.imread(filename)
img_rgb = cv2.cvtColor(img,cv2.COLOR_BGR2RGB)
img_gray = cv2.cvtColor(img_rgb,cv2.COLOR_RGB2GRAY)
result = image_roberts(img_gray)
cv2.imshow('origin', img)
cv2.imshow("result", result)
cv2.waitKey(0)
cv2.destroyAllWindows()
```

运行结果如图 4-7 所示。

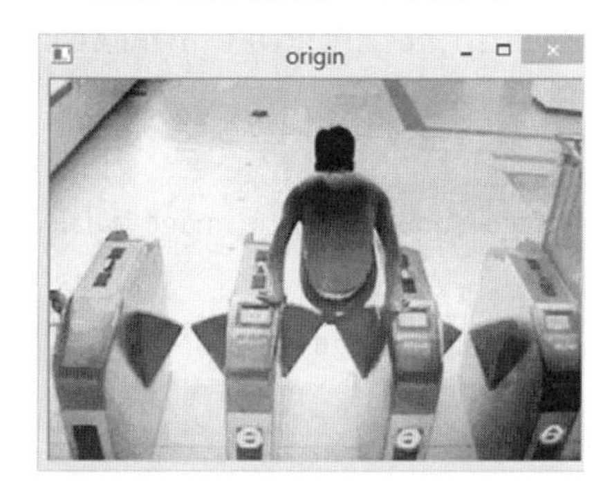

（a）原图

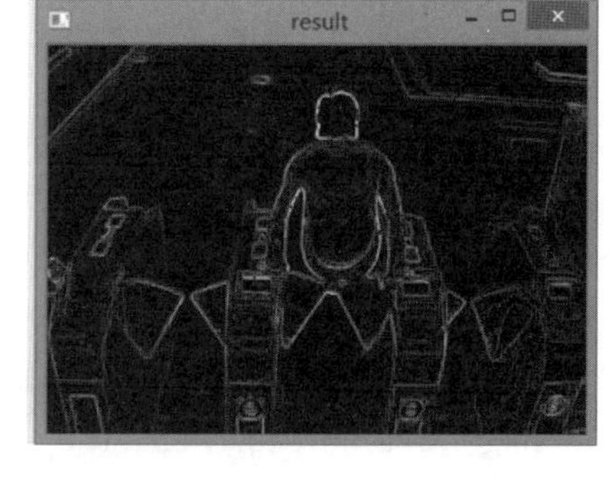

（b）结果

图 4-7　Roberts 算子边缘检测效果

3. 基于 Sobel 算子的边缘检测

Sobel 算子是图像边缘检测中的重要微分算子之一，在机器视觉、计算机图像分析等领域有着重要作用。Sobel 算子是一个离散的一阶差分算子，用来计算图像亮度函数的一阶梯度的近似值。Sobel 算子可以通过位置加权系数，降低边缘模糊程度。但由于 Sobel 算子没有严格地模拟人的视觉生理特征，所以提取的轮廓边缘有时并不能让人满意。程序 4-8 展示了基于 Sobel 算子的边缘检测效果。

```
#程序 4-8：Sobel 算子边缘检测
import cv2
import numpy as np
def image_sobel_operator(roi,operator_type):
    if operator_type == "horizontal":
        sobel_operator = np.array([[-1,-2,-1],[0,0,0],[1,2,1]])
    elif operator_type == "vertical":
        sobel_operator = np.array([[-1,0,1],[-2,0,2],[-1,0,1]])
    else:
        raise("type Error")
    result = np.abs(np.sum(roi*sobel_operator))
    return result
def image_sobel(image,operator_type):
    new_image = np.zeros(image.shape)
    image = cv2.copyMakeBorder(image,1,1,1,1,cv2.BORDER_ DEFAULT)
    for i in range(1,image.shape[0]-1):
        for j in range(1,image.shape[1]-1):
            new_image[i-1,j-1] = image_sobel_operator(image [i-1:i+2,
j-1:j+2], operator_type)
    new_image = new_image*(255/np.max(image))
    return new_image.astype(np.uint8)
img = cv2.imread(filename)
img_rgb = cv2.cvtColor(img,cv2.COLOR_BGR2RGB)
img_gray = cv2.cvtColor(img_rgb,cv2.COLOR_RGB2GRAY)
```

```
result = image_sobel(img_gray,"horizontal")
cv2.imshow('origin', img)
cv2.imshow("result", result)
cv2.waitKey(0)
cv2.destroyAllWindows()
```

运行结果如图 4-8 所示。

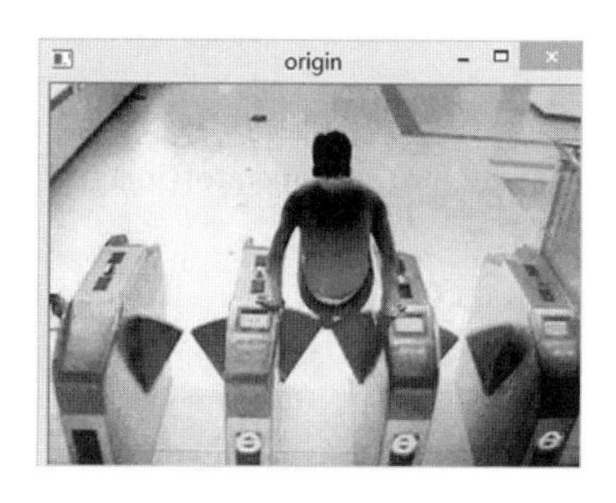

（a）原图

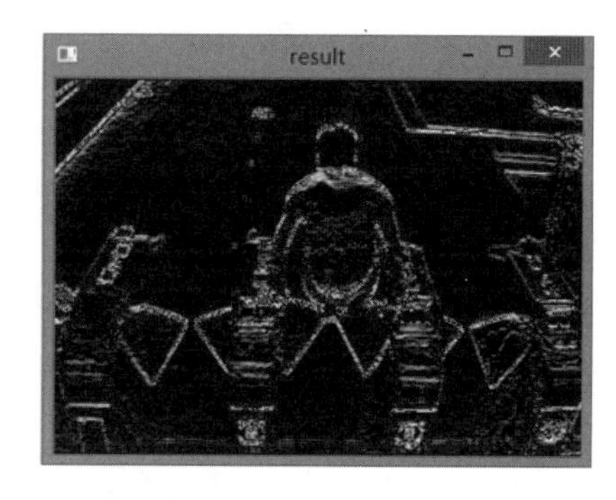

（b）结果

图 4-8　Sobel 算子边缘检测效果

4. 基于 Prewitt 算子的边缘检测

Prewitt 算子也是一种一阶微分算子的边缘检测，利用像素点左、右、上、下邻点的灰度差，在边缘处达到极值检测边缘，去掉部分伪边缘，对噪声具有一定平滑作用。其原理是在图像空间利用两个方向模板与图像进行邻域卷积来完成的，这两个方向模板一个检测水平边缘，一个检测垂直边缘。程序 4-9 展示了基于 Prewitt 算子的边缘检测效果。

```
#程序 4-9：Prewitt 算子边缘检测
import cv2
import numpy as np
def image_prewitt_operator(roi,operator_type):
    if operator_type == "horizontal":
        prewitt_operator = np.array([[-1,-1,-1],[0,0,0],[1,1,1]])
    elif operator_type == "vertical":
        prewitt_operator = np.array([[-1,0,1],[-1,0,1],[-1,0,1]])
```

```
        else:
            raise("type Error")
        result = np.abs(np.sum(roi*prewitt_operator))
        return result
    def image_prewitt(image,operator_type):
        new_image = np.zeros(image.shape)
        image = cv2.copyMakeBorder(image,1,1,1,1,cv2.BORDER_ DEFAULT)
        for i in range(1,image.shape[0]-1):
            for j in range(1,image.shape[1]-1):
                new_image[i-1,j-1] = image_prewitt_operator(image[i-1:
i+2,j-1:j+2], operator_type)
        new_image = new_image*(255/np.max(image))
        return new_image.astype(np.uint8)
    img = cv2.imread(filename)
    img_rgb = cv2.cvtColor(img,cv2.COLOR_BGR2RGB)
    img_gray = cv2.cvtColor(img_rgb,cv2.COLOR_RGB2GRAY)
    result = image_prewitt(img_gray,"horizontal")
    cv2.imshow('origin', img)
    cv2.imshow("result", result)
    cv2.waitKey(0)
    cv2.destroyAllWindows()
```

运行结果如图 4-9 所示。

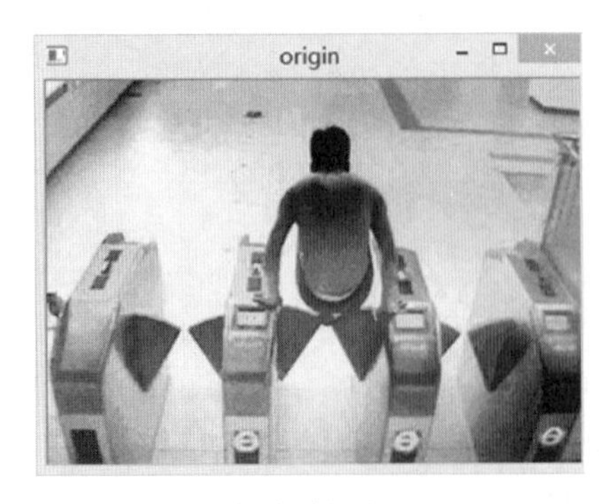

（a）原图

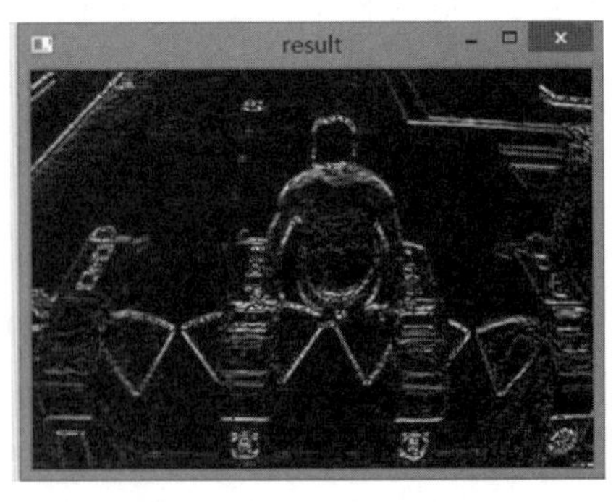

（b）结果

图 4-9　Prewitt 算子边缘检测效果

5. 基于 Scharr 算子的边缘检测

Scharr 算子也是一阶导数的边缘检测算子，与算法实现过程 Sobel 类似。但是与 Sobel 的不同点是在平滑部分，其所用的平滑算子中心元素占的权重更重，由于 Scharr 算子邻近像素的权重更大，故精确度较高。程序 4-10 展示了基于 Scharr 算子的边缘检测效果。

```
#程序 4-10：Scharr 算子边缘检测
import cv2
def image_scharr(image):
    grad_x = cv2.Scharr(image, cv2.CV_32F, 1, 0)
    grad_y = cv2.Scharr(image, cv2.CV_32F, 0, 1)
    image_grad_x = cv2.convertScaleAbs(grad_x)
    image_grad_y = cv2.convertScaleAbs(grad_y)
    result = cv2.addWeighted(image_grad_x, 0.5, image_grad_y, 0.5, 0)
    return result
img = cv2.imread(filename,0)
rst = image_scharr(img)
cv2.imshow('origin', img)
cv2.imshow("result", rst)
cv2.waitKey(0)
cv2.destroyAllWindows()
```

运行结果如图 4-10 所示。

（a）原图

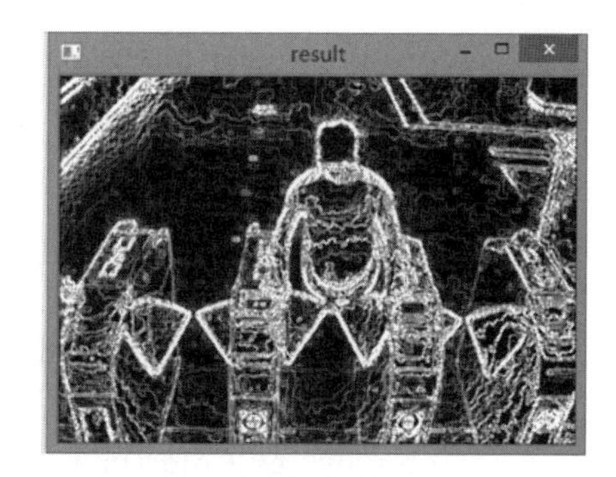

（b）结果

图 4-10　Scharr 算子边缘检测效果

6. 基于 Laplace 算子的边缘检测

Laplace 算子是一种二阶微分线性算子，与一阶微分相比，二阶微分的边缘定位能力更强，锐化效果更好。使用二阶微分算子的基本方法是定义一种二阶微分的离散形式，然后根据这个形式生成一个滤波模板，并与图像卷积来检测边缘。程序 4-11 展示了基于 Laplace 算子的边缘检测效果。

```
#程序 4-11：Laplace 算子边缘检测
import cv2
import numpy as np
def image_laplace_operator(roi,operator_type):
    if operator_type == "fourfields":
        laplace_operator = np.array([[0,1,0],[1,-4,1],[0,1,0]])
    elif operator_type == "eightfields":
        laplace_operator = np.array([[1,1,1],[1,-8,1],[1,1,1]])
    else:
        raise("type Error")
    result = np.abs(np.sum(roi*laplace_operator))
    return result
def image_laplace(image,operator_type):
    new_image = np.zeros(image.shape)
    image  =  cv2.copyMakeBorder(image,1,1,1,1,cv2.BORDER_
DEFAULT)
    for i in range(1,image.shape[0]-1):
        for j in range(1,image.shape[1]-1):
            new_image[i-1,j-1]  =  image_laplace_operator(image
[i-1:i+2,j-1:j+2], operator_type)
    new_image = new_image*(255/np.max(image))
    return new_image.astype(np.uint8)
img = cv2.imread(filename)
img_rgb = cv2.cvtColor(img,cv2.COLOR_BGR2RGB)
img_gray = cv2.cvtColor(img_rgb,cv2.COLOR_RGB2GRAY)
result = image_laplace(img_gray,"eightfields")
```

```
cv2.imshow('origin', img)
cv2.imshow("result", result)
cv2.waitKey(0)
cv2.destroyAllWindows()
```

运行结果如图 4-11 所示。

（a）原图

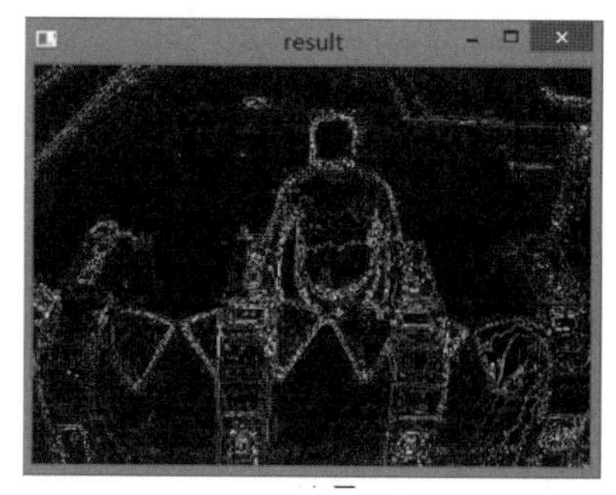

（b）结果

图 4-11　Laplace 算子边缘检测效果

7. 基于 Canny 算子的边缘检测

Canny 算子是一种多尺度空间边缘检测算子，采用双阈值方法寻找图像梯度的局部极大值。使用 Canny 算子实现边缘检测的算法如下：

（1）用二维高斯滤波模板对图像进行滤波以消除噪声。

（2）用导数算子找到图像灰度沿两个方向的偏导数，求出梯度大小和方向。

（3）把边缘的梯度方向分为水平、垂直、45°方向、135°方向，各方向用不同的邻近像素进行比较，确定局部极大值，若某像素的灰度值与其梯度方向上前后两个像素的灰度值相比不是最大的，则该像素不是边缘像素。

（4）使用累计直方图计算两个阈值，大于高阈值的为边缘，小于低阈值的不是边缘，鉴于两者之间的判断其邻接像素中有没有超过高阈值的边缘像素，如果有就是边缘，否则不是边缘。

程序 4-12 展示了基于 Canny 算子的边缘检测效果。

#程序 4-12：Canny 算子边缘检测

```
import cv2
def image_canny(image):
    blurred = cv2.GaussianBlur(image, (3, 3), 0)
    gray = cv2.cvtColor(blurred, cv2.COLOR_RGB2GRAY)
    result = cv2.Canny(gray, 50, 150)
    return result
img = cv2.imread(filename)
rst = image_canny(img)
cv2.imshow('origin', img)
cv2.imshow("result", rst)
cv2.waitKey(0)
cv2.destroyAllWindows()
```

运行结果如图 4-12 所示。

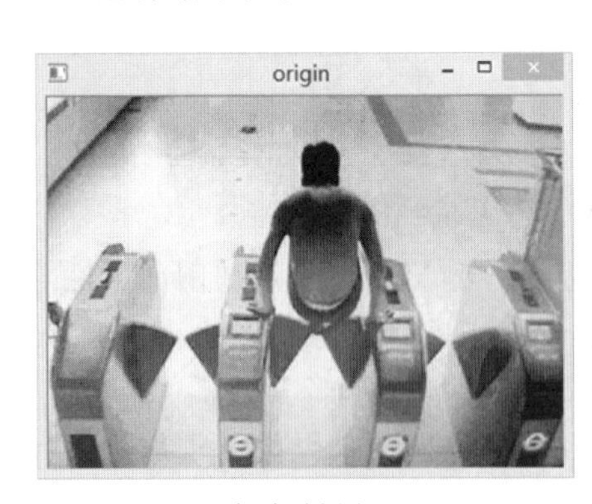

（a）原图

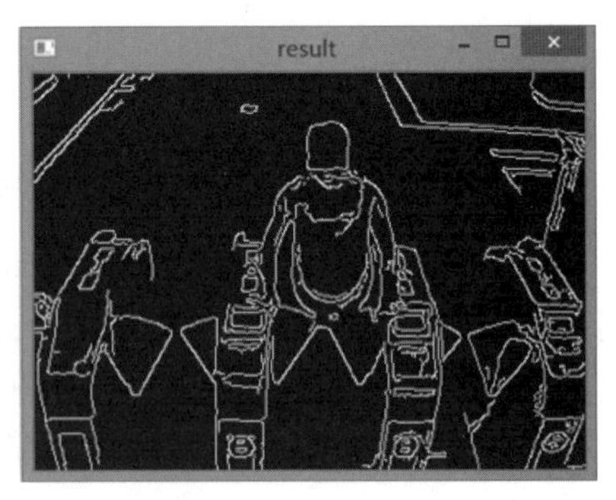

（b）结果

图 4-12　Canny 算子边缘检测效果

4.3　基于聚类分析的图像分割方法

聚类分析是指将数据集合分组成为由类似的对象组成的多个类的分析过程，是一种归类统计分析方法。聚类分析的目标就是在相似的基础上将给定数据进行归类收集。由于数字图像的分割实际上就是将具有相似特征的像素点进行归类，因此聚类分析技术可以被应用于图

像分割领域。不仅如此，聚类分析技术在不同的图像分析领域都得到了应用和发展（田丽华，2018；黎宾，2018；李灏，2017）。而这些聚类分析技术方法常被用作统计图像像素数据，衡量不同像素数据源间的相似性，以及把数据源分类到不同的簇中。

4.3.1　K-means 聚类分析算法基本思想

聚类作为数据挖掘的分析工具，也是图像分割领域重要的方法之一。从聚类的角度出发，图像分割的可以看作是将所有像素点根据其灰度或其他特征进行聚类的过程。

俗话说“物以类聚”，聚类是一个将数据集中在某些方面相似的数据成员进行分类组织的过程，聚类就是一种发现这种内在相似性的技术，该技术经常被称为无监督学习。

K-means 聚类（K 均值聚类）是聚类分析中快速且准确度较高的一种方法。只要给定一个数据集合（如一幅图像）和需要的聚类数目 K，K-means 聚类算法根据某个距离函数反复把数据分入 K 个聚类中。

K-means 聚类分析是先随机选取 K 个对象作为初始的聚类中心。然后计算每个对象与各个种子聚类中心之间的距离，把每个对象分配给距离它最近的聚类中心。聚类中心以及分配给它们的对象就代表一个聚类。一旦全部对象都被分配了，每个聚类的聚类中心会根据聚类中现有的对象被重新计算。这个过程将不断重复直到满足某个终止条件。终止条件可以是没有（或最小数目）对象被重新分配给不同的聚类，或没有（或最小数目）聚类中心再发生变化，或误差平方和局部最小。

K-means 聚类能处理比其他聚类（如层次聚类）更大的数据集。此外，其观测值不会永远被分到一类中，当我们提高整体解决方案时，聚类方案也会改动。不过不同于其他聚类分析，K-means 聚类分析会要求我们事先确定要提取的聚类个数 K。程序 4-13 展示了 K-means 聚类方法对图像分析的结果。

```
#程序 4-13：K-means 聚类分析
import cv2
import numpy as np
img = cv2.imread(filename)
```

```
Z = img.reshape((-1,3))
Z = np.float32(Z)
criteria = (cv2.TERM_CRITERIA_EPS + cv2.TERM_CRITERIA_MAX_ITER, 10, 1.0)
K = 8
ret,label,center=cv2.kmeans(Z,K,None,criteria,10,cv2.KMEANS_RANDOM_CENTERS)
center = np.uint8(center)
res = center[label.flatten()]
rst = res.reshape((img.shape))
cv2.imshow('origin',img)
cv2.imshow('result',rst)
cv2.waitKey(0)
cv2.destroyAllWindows()
```

运行结果如图 4-13 所示。

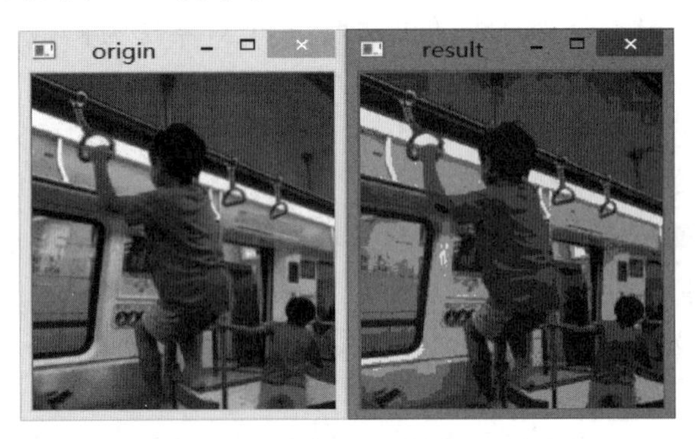

图 4-13 K-means 聚类分析效果

4.3.2 一种基于 K-means 聚类分析的图像分割算法

利用 K-means 聚类算法，将视频图像的每个像素点色彩值作为特征向量，将图像构成了一个样本集合，把图像分割任务转换为对数据集合的聚类任务，运用 K-means 聚类算法进行图像区域分类，最后抽取图像区域的特征，获取想要的分离图像，运用全局阈值算法实现图

像的分割和二值化。实现该方法的具体算法如下：

1. K-means 聚类算法

假设给定数据集 $X=\{x_m \mid m=1,2,\cdots,total\}$，$X$ 中的样本用 d 个描述属性 $A_1,A_2,\cdots,A_d$ 来表示，并且 d 个描述属性都是连续型属性。数据样本 $x_i=(x_{i1},x_{i2},\cdots,x_{id})$，$x_j=(x_{j1},x_{j2},\cdots,x_{jd})$，其中，$x_{i1},x_{i2},\cdots,x_{id}$ 和 $x_{j1},x_{j2},\cdots,x_{jd}$ 分别是样本 x_i 和 x_j 对于 d 个描述属性 $A_1,A_2,\cdots,A_d$ 的具体取值。

该方法的算法步骤如下：

① 为每个聚类确定一个初始聚类中心，这样就有 k 个初始聚类中心；

② 将样本集里的样本按照最小距离原则分配到最邻近聚类；

③ 计算每个聚类中的样本均值作为新的聚类中心；

④ 重复步骤②、③直到聚类中心不再变化；

⑤ 聚类结束，得到目标与背景的分离图像；

⑥ 采用全局阈值算法选取阈值进行图像分割，得到二值化的图像。

2. 样本空间选择和颜色模型转换

采用 K-means 聚类分析处理复杂彩色图像时，如果单纯使用像素点的 RGB 值作为特征向量构成特征向量空间，其算法健壮性较弱，这里将图像转换到彩色空间 Lab，然后抽取像素点的颜色、纹理和位置等特征，形成特征向量。其转换算法如下：

$$\begin{bmatrix} X \\ Y \\ Z \end{bmatrix}=\begin{bmatrix} 0.412 & 0.358 & 0.180 \\ 0.213 & 0.715 & 0.072 \\ 0.019 & 0.119 & 0.950 \end{bmatrix}\times\begin{bmatrix} R \\ G \\ B \end{bmatrix} \tag{4-25}$$

$$\begin{cases} L=116\times f\left(\dfrac{Y}{Y_n}\right)-16 \\ a=500\times\left(f\left(\dfrac{X}{X_n}\right)-f\left(\dfrac{Y}{Y_n}\right)\right) \\ b=200\times\left(f\left(\dfrac{Y}{Y_n}\right)-f\left(\dfrac{Z}{Z_n}\right)\right) \\ f(t)=\begin{cases} \sqrt[3]{t}, t>0.088\,56 \\ 7.787\times t+16/116, t\leqslant 0.088\,56 \end{cases} \end{cases} \tag{4-26}$$

式中，X_n, Y_n 和 Z_n 取值为 1。

3. 相似性度量选择

在计算数据样本 x_i 和 x_j 之间的距离时，采用欧式距离算法作为样本的相似性度量：

$$\mathrm{D}(x_i, x_j) = \sqrt{\sum_{k=1}^{d} (x_{ik} - x_{jk})^2} \tag{4-27}$$

当距离越小，表示样本越相似，差异度越小；反之，距离越大，越不相似，表示样本差异度越大。

4. 选择评价聚类性能的准则函数

在样本相似性度量的基础上，还需要一个指定的准则函数才能把同一类的数据对象聚合成一个簇。聚类准则函数用于判断聚类质量的高低，误差平方和准则函数是常用的有效函数。这里采用误差平方和准则函数来评价聚类性能。假设 X 包含 K 个聚类子集 $X_1, X_2, \cdots, X_k$，各个聚类子集中的样本数量分别为 $n_1, n_2, \cdots, n_k$，各个聚类子集的聚类中心分别是 $m_1, m_2, \cdots, m_k$。则误差平方和准则函数公式为

$$E = \sum_{i=1}^{k} \sum_{p \in x_i} \left\| p - m_i \right\|^2 \tag{4-28}$$

相似度的算法如下：

① 将所有对象随机分配到 k 个非空的簇中；

② 计算每个簇的平均值，并用该平均值代表相应的簇；

③ 根据每个对象与各个簇中心的距离，分配给最近的簇；

④ 转到步骤②，重新计算每个簇的平均值，这个过程不断重复直到满足某个准则函数才停止。

5. 图像分割效果

基于 K-means 聚类分析的图像分割算法对图像的分割结果如图 4-14 所示。其中，图 4-14（a）为原图图像，图 4-14（b）为提取的特征区域，图 4-14（c）为 K-means 分析效果。图像分割流程如下：首先

将原图 RGB 色彩空间变换到 Lab 色彩空间。利用 Lab 色彩空间中的 L、a 和 b 分量信息对颜色进行 K 均值聚类。使用欧氏距离度量将图像分成 3 类，形成不同图像区域，每块区域以原来的颜色显示，区域外的颜色显示为 0（即黑色），其中 2 类分别表示图像背景的浅色区域及深色区域，另一类代表提取的特征区域［图 4-14（b）］。聚类计算后对 3 类区域进行标号显示，可以实现对特征区域与背景的分离，分别以白色、灰色、黑色表示。从图 4-14 可以看出，通过 K-means 聚类分析对图像分割，将轨道中的异常行为人员的衣物特征信息提取了出来。

（a）原图

（b）提取的特征区域

（c）K-means 分析效果

图 4-14　K-means 聚类分析的图像分割结果

4.4　基于分水岭算法的图像分割方法

4.4.1　基于分水岭算法的图像分割原理

分水岭算法是一种数学形态学的图像分割方法（Vincent et al.,

1991），被广泛应用于医学图像处理（Grau et al., 2004）和视频图像处理（chen et al., 2003）等领域。

分水岭算法的思想是将图像看成是自然地貌中的地形表面，每一个像素的灰度值代表其位置的高度，不同的区域称为汇水盆地，区域间的界限称为脊线。每个汇水盆地的谷底对应于图像的一个极小值像素或一个极小值连通区域。假设在每个区域最小值的位置上打一个洞并且让水以均匀的上升速率从洞中涌出，从低到高淹没整个地形。当处在不同的汇水盆地中的水将要聚合在一起时，修建的大坝将阻止聚合，水将只能到达大坝的顶部处于水线之上的程度。这些大坝的边界对应于分水岭的分割线，即是由分水岭算法提取出来的连续的边界线。

设待分割图像为 $f(x,y)$，其梯度图像为 $g(x,y)$，分水岭的计算是在梯度空间进行的。用 $M_1, M_2, \cdots, M_R$ 表示 $g(x,y)$ 中各局部极小值的像素位置，$C(M_i)$ 为与 M_i 对应的区域中的像素坐标集合。用 n 表示当前的梯度阈值，$T[n]$ 代表像素 (u,v) 的集合，$g(u,v) < n$，即

$$T[n] = \{(u,v) \mid g(u,v) < n\} \tag{4-29}$$

灰度阈值从图像灰度范围的最低值整数增加。在灰度阈值为 n 时，统计处于平面 $g(x,y) = n$ 以下的像素集合 $T[n]$。对 M_i 所在区域，其中满足条件的坐标集合 $C_n(M_i)$ 可看作一幅二值图像

$$C_n(M_i) = C(M_i) \cap T[n] \tag{4-30}$$

即在 $(x,y) \in C_n(M_i)$ 且 $(x,y) \in T[n]$ 的地方，有 $C_n(M_i) = 1$，其他地方 $C_n(M_i) = 0$。

可见，在分水岭算法中，如果能确定出分水岭的位置，就能将图像用一组各自封闭的曲线分割成不同的区域。

传统分水岭分割算法是一个对于梯度图像按照从低位（低像素值）到高位（高像素值）的顺序进行处理的算法。在分水岭算法中，每一个极小值对应一个区域，也就是说，梯度图像中有多少个极小值，那么图像就会被分割成多少个区域。因此传统分水岭算法对图像的灰度变化高度敏感，能够迅速定位边缘，具有运算简单，易于并行化处理等优点，但是传统算法存在一些缺陷：

（1）图像中的噪声极为敏感。由于输入图像往往是梯度图像，原

始图像中的噪声会直接影响图像的梯度，易于造成分割的轮廓偏移。

（2）容易导致过分割。由于受噪声和平坦区域内部细密纹理的影响，传统算法检测的局部极值过多，在分割中会出现大量的细小区域。

4.4.2　基于标记的分水岭图像分割方法

解决传统分水岭分割算法的过分割问题可以采用两个步骤：一是先进行平滑滤波处理消除噪声，减少噪声对分割脊线影响；二是先标记后分割，在分水岭分割之前，先设定一些标记，标记是图像中的一个连通组元，每个标记标志着一个物体的存在。把这些标记强制性地作为梯度图像的极小值，同时屏蔽掉梯度图像的其他极小值，以此为基础，再做分水岭分割。

使用标记可以有效地控制过分割，因此，这里利用标记对分水岭算法进行改进。改进的基本思路是除了对输入图像中的轮廓进行增强以获取分割函数图像外，还借助特征检测确定一个标记函数，这个标记函数标记出目标和对应的背景，将这些标记强制加到分割函数中作为极小值，然后计算分水岭。整个算法流程如图 4-15 所示。

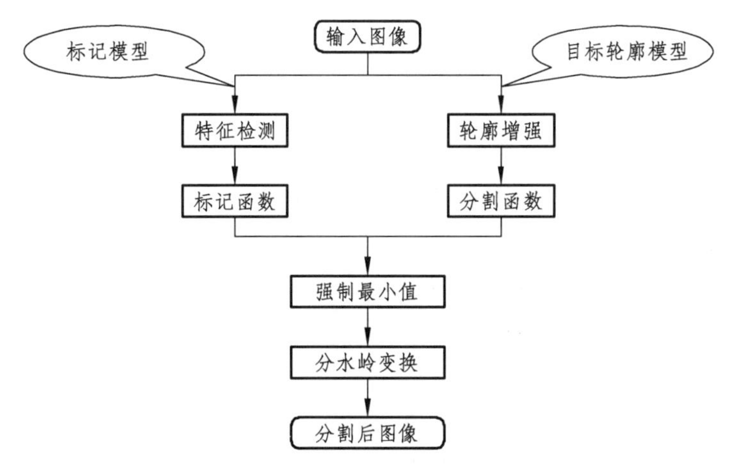

图 4-15　控制标记的分水岭分割算法流程

采用改进的分水岭算法来实现对根系组织的分割，关键在于选择标记。标记的选择有许多方法，可以考虑灰度值和连通性，还可以考虑尺寸、形状、位置、距离、纹理等。这里的方法是采用内部标记和外部标记，前者对应目标（即感兴趣区域）而后者对应背景。内部标记选用具有相同灰度的像素所组成的一个连通的深局部极小值区域，然后运用分水岭算法，将得到的分水岭作为外部标记。这些外部标记将图像分成多个区域，每个区域仅包含一个目标和一部分背景。

具体算法实现如下：

① 采用非线性滤波平滑梯度图像进行预处理，即使用 Sobel 边缘检测器计算图像的梯度幅度；

② 标记提取：首先计算图像中大量局部最小区域的位置，然后通过一个高度阈值计算图像中的“低点”集合（即比周围点更深的点的集合）作为内部标记集合（包含在根系组织内部），通过运用分水岭算法和距离变换选择外部标记集合（包含在背景中），最后将内部标记和外部标记作为标记准则集合；

③ 以内部标记和外部标记为标记修改梯度图像，进行分水岭分割；

④ 合并分割结果，输出根系组织的边缘二值图像。

⑤ 与传统的分水岭分割算法相比，改进的分水岭分割算法是通过引入一个内部标记集合和一个外部标记集合来实现目标区域的边缘提取以及抑制过分割现象的产生。

4.4.3 基于分水岭的图像分割方法应用

利用分水岭算法，我们可以对图像中感兴趣的目标区域进行边缘检测和边界提取。如程序 4-14 展示了用分水岭算法实现对图像中目标人物衣服的封闭边缘提取。

```
#程序 4-14：基于分水岭的图像分割
import numpy as np
import cv2
from matplotlib import pyplot as plt
img = cv2.imread('girl05.png')
gray = cv2.cvtColor(img,cv2.COLOR_BGR2GRAY)
ret, thresh = cv2.threshold(gray,0,255,
                cv2.THRESH_BINARY_INV+cv2.THRESH_OTSU)
kernel = np.ones((3,3),np.uint8)
```

```
opening = cv2.morphologyEx(thresh,cv2.MORPH_OPEN,kernel, iterations = 2)
sure_bg = cv2.dilate(opening,kernel,iterations=3)
dist_transform = cv2.distanceTransform(opening,cv2.DIST_L2,5)
ret, sure_fg = cv2.threshold(dist_transform,0.7*dist_transform. max(), 255,0)
sure_fg = np.uint8(sure_fg)
unknown = cv2.subtract(sure_bg,sure_fg)
ret, markers = cv2.connectedComponents(sure_fg)
markers = markers+1
markers[unknown==255] = 0
markers = cv2.watershed(img,markers)
img[markers == -1] = [0,0,255]
cv2.imshow('img',img)
cv2.waitKey(0)
cv2.destroyAllWindows()
```

程序运行结果如图 4-16 所示。

（a）原图

（b）分割结果

图 4-16 基于分水岭的图像分割结果

从图 4-16 可以看出，基于分水岭的图像分割方法可以较好地将图中目标人物的灰色西装图像边缘完整地检测出来。

4.5 基于多尺度小波分析的图像分割方法

4.5.1 多尺度小波分析技术

小波理论已在图像处理、计算机视觉、模式识别等领域表现出了巨大的应用前景。小波变换由粗及精的多分辨率分析能力和在时频两域突出信号的局部特征的能力是其精华所在。图像处理中应用的小波变换大多属于离散二维小波变换。

1. 二维离散小波变换及图像的分解与重构

小波变换的多尺度性在图像处理中有着极为重要的作用，可以将小波变换视为在不同尺度下的带通滤波器，由粗到细地逐步观察图像。变换可通过与两个互相正交的高通、低通滤波器的递归循环卷积得到，在水平和垂直方向进行滤波后得到四幅图像，每幅的大小为原图像的四分之一，分别是低分辨率图像、水平细节、垂直细节和对角细节图像。其二维空间域的离散形式为

$$\begin{cases} S_{2^j}f(x,y)=\sum\limits_{k_1}\sum\limits_{k_2}h_{k_1}h_{k_2}S_{2^{j-1}}f(x-2^{j-1}k_1,y-2^{j-1}k_2) \\ W_{2^j}^1f(x,y)=\sum\limits_{k_1}\sum\limits_{k_2}h_{k_1}g_{k_2}S_{2^{j-1}}f(x-2^{j-1}k_1,y-2^{j-1}k_2) \\ W_{2^j}^2f(x,y)=\sum\limits_{k_1}\sum\limits_{k_2}g_{k_1}h_{k_2}S_{2^{j-1}}f(x-2^{j-1}k_1,y-2^{j-1}k_2) \\ W_{2^j}^3f(x,y)=\sum\limits_{k_1}\sum\limits_{k_2}g_{k_1}g_{k_2}S_{2^{j-1}}f(x-2^{j-1}k_1,y-2^{j-1}k_2) \end{cases} \tag{4-31}$$

式中，$f(x,y)$为原始的二维信号，$S_{2^0}f(x,y)=f(x,y)$，$k\in Z$，$S_{2^j}f(x,y)$为$f(x,y)$在分辨率j下的离散近似低频细节，$W_{2^j}^1f(x,y)$、$W_{2^j}^2f(x,y)$、$W_{2^j}^3f(x,y)$分别是$f(x,y)$在分辨率j下的离散垂直高频细节、离散水平高频细节、离散对角高频细节。序列h_k、g_k分别是低、高通滤波器的脉

冲响应。低频分量 $S_{2^j}f(x,y)$ 还可以继续分解，构造下一尺度的四个图像，直到达到满意的小波尺度为止。

当一幅图像进行二维小波分解后，可得到一系列不同分辨率的子图像，随着尺度由大到小变化，在各尺度上可以由粗及精的观察图像的目标，大尺度时观察到的是图像的基本特征，在小尺度的空间里则可以看到目标的细节。小波分解的意义就在于能够在不同尺度上对信号进行分解，而且对不同尺度的选择可以根据不同的目的来确定。

在对序列图像的二维小波分解过程中，按需要改变有关小波参数，然后按照 Mallat 重构算法对经过处理的小波变换进行逆小波变换，完成二维小波的重构，便可达到图像不同处理的目的。图像重建算法为

$$S_{2^{j-1}}f(x,y)=\sum_{k_1}\sum_{k_2}h_{k_1}^*h_{k_2}^*S_{2^j}f(x,y)+\sum_{k_1}\sum_{k_2}h_{k_1}^*g_{k_2}^*W_{2^j}^1f(x,y)+\sum_{k_1}\sum_{k_2}g_{k_1}^*h_{k_2}^*W_{2^j}^2f(x,y)+\sum_{k_1}\sum_{k_2}g_{k_1}^*g_{k_2}^*W_{2^j}^3f(x,y) \tag{4-32}$$

式中，$j\geqslant 1, j\in Z, k\in Z$，$h_k^*$、$g_k^*$ 分别是 h_k、g_k 的对偶算子。

2. 边缘信号与噪声在小波变换下的特性

用小波变换对信号做多分辨率分析非常适合于提取信号的局部特征，这是因为小波变换的尺度因子和平移因子构成了一个滑动的时间-频率窗，小尺度下的变换系数对应信号的高频分量，大尺度下的变换系数对应信号的低频分量。于是信号被分解成各个频率下的分量，这样就可以检测对应不同频率的信号局部特征。而图像中的突变信息和噪声都属于高频信号，可以利用小波变换后的高频分量进行去噪和对边缘进行增强或提取。

噪声与图像信号的区别在于：① 噪声几乎处处奇异，且具有负的 Lipschitz 指数，即其奇异性小于零。在小波变换下，噪声的平均幅值与尺度因子成反比，平均模极大值个数与尺度因子成反比。噪声的能量随着尺度的增加迅速减小，而图像信号具有正的 Lipschitz 指数，即

其奇异性大于零。在小波变换下，图像信号的平均幅值不会随着尺度的增加明显减小。② 噪声在不同尺度上的小波变换是高度不相关的。信号的小波变换一般具有很强的相关性，相邻尺度上的局部模极大值几乎出现在相同的位置上，并且有相同的符号。

图像信号的奇异性态和噪声小波变换的性态所具有的不同特性是在小波变换域中区分信号和噪声的主要依据。

4.5.2 基于多尺度小波分析的图像分割方法

1. 小波变换的边缘检测算法

Mallat 边缘检测算子是一种简单而有效的多尺度边缘检测算法，被用于分析信号的奇异性和图像的边缘检测，成为图像边缘检测中的重要工具，是近年来受到广泛关注的边缘检测方法。

在 Mallat 边缘检测算子中，取小波函数

$$\begin{aligned} \psi^1(x,y) &= \partial\theta(x,y)/\partial x \\ \psi^2(x,y) &= \partial\theta(x,y)/\partial y \end{aligned} \tag{4-33}$$

式中，$\theta(x,y)$为平滑函数，满足$\iint_{R^2}\theta(x,y)\mathrm{d}x\mathrm{d}y=1$，且$\lim\limits_{x^2+y^2\to\infty}\theta(x,y)=0$。则$f(x,y)\in L^2(R^2)$关于$\psi^1(x,y)$和$\psi^2(x,y)$的规范小波变换具有两个分量：

$$\begin{cases} W_{2^j}^1 f(x,y) = f*\psi_{2^j}^1(x,y) = 2^j\dfrac{\partial[f*\theta_{2^j}(x,y)]}{\partial x} \\ W_{2^j}^2 f(x,y) = f*\psi_{2^j}^2(x,y) = 2^j\dfrac{\partial[f*\theta_{2^j}(x,y)]}{\partial y} \end{cases} \tag{4-34}$$

由上式可以看出，图像$f(x,y)$经过平滑后，在x和y方向上的偏导数就是图像在行和列方向上的小波变换。因此，小波系数的局部极大值点可以刻画图像的突变点，即图像的边缘特征点。

定义模及方向角为

$$M_{2^j} = \sqrt{[W_{2^j}^1 f(x,y)]^2 + [W_{2^j}^2 f(x,y)]^2} \tag{4-35}$$

$$A_{2^j}=\operatorname{arctg}(\frac{W_{2^j}^2 f}{W_{2^j}^1 f})^2 \tag{4-36}$$

式中，模 M_{2^j} 的大小反映了 $f*\theta_{2^j}(x,y)$ 在点 (x,y) 的灰度变化的剧烈程度，完全刻画了 $f*\theta_{2^j}(x,y)$ 的灰度变化特征。M_{2^j} 在 A_{2^j} 方向取极大值的点对应着 $f(x,y)$ 的突变点，即图像中物体的边缘点。因此可以利用该特征进行图像的边缘检测。

为了提高速度，这里采用二维小波变换的 Mallat 快速算法，即采用小波滤波器组进行快速变换的方法，变换公式如式(4-31)。

2. 基于小波变换的多尺度边缘检测

人群异常行为视频图像由于成像环境的复杂性及成像过程中的信号干扰，通常存在强噪声和微弱边缘信息，单尺度的边缘检测方法由于使用的是同一种判断标准，常常把噪声当作边缘点检测出来，而真正的边缘也由于受到噪声干扰而没有被检测出来。多尺度边缘检测可以有效地组合多个不同尺度的边缘检测算子，正确地检测一幅图像内发生在各个尺度上的边缘，因此，采用多尺度的边缘检测方法可以使高定位精度及强去噪能力统一起来。

由于小波变换具有良好的时频局部化特性及多尺度分析能力，其尺度因子和平移因子构成了一个滑动的时间-频率窗，信号被分成各个频率下的分量，可以检测对应不同频率的信号局部特征，而图像的边缘一般代表是频率高的区域，利用这种特性，可以逼近信号的任意细节部分。图像在不同尺度上的小波变换都提供了一定的边缘信息，在小尺度时，图像的边缘细节信息较为丰富，边缘定位精度较高，但易受到噪声的干扰；在大尺度时，图像的边缘稳定，抗噪性好，但定位精度差。将它们的优点结合起来，在大尺度下抑制噪声，在小尺度下精确定位，通过合适的跟踪算法，就能够得到较为理想的边缘。

小波变换由于具有良好的空间局部分析功能和多尺度多分辨分析功能，在不同尺度上具有“变焦”的功能，适用于检测边缘信号。传统的小波边缘检测是通过不同尺度上选取不同的阈值来去除噪声的，但简单地确定阈值很难在去噪和弱边缘检测间达到平衡，为此我们提出了结合 LOG 算子和小波变换的边缘检测方法。

4.5.3 一种基于多尺度小波分析的图像分割算法

在利用小波变换对图像的边缘处理中，多尺度边缘提取的基本思想是沿梯度方向，在阈值的约束下检测小波变换的模极大值点，这些模极大值点所对应的边缘在图像平面内是一些规则的曲线，沿着这些曲线，图像在一个方向是奇异的，而和该方向相垂直的方向却是平滑的，可以利用沿曲线方向梯度矢量的模变化平缓特点以及不同尺度下梯度矢量幅度的信息，将位置及幅角十分接近的模极大值点连起来形成模极大值链，这些链即构成了图像的边缘。然而这样形成的边缘往往存在着较暗的弱边缘和断链，难以形成封闭的边缘。考虑到在小尺度时，图像的边缘细节信息较为丰富，边缘定位精度较高，因此这里提出在使用小波变换产生金字塔图像后，用 LOG 算子在最低分辨率图像上进行平滑滤波和边缘提取，对小波变换法与 LOG 算子两种方法提取的边缘图像信息进行融合处理，摒弃无用的噪声点，保留有用的真实边缘，使最终的边缘图像既有效地抑制了噪声，又能保留连续、清晰的边缘。

具体的算法如下：

① 对断层图像进行 j 层小波分解，得到原图图像的低频近似细节分量及各个高频细节分量。

② 在分解的最高层 j 层，用 LOG 算子对小波变换后的近似细节分量进行平滑滤波和边缘提取，得到边缘图像 A；用上述小波变换法对高频细节子图像进行边缘提取，得到边缘图像 B；对这两个边缘图像按一定的融合规则进行融合处理，得到 j 层的融合边缘图像 AB_j，然后将这个边缘图像向下一层 $j-1$ 投影，做进一步的处理。

③ 在 $j-1$ 层，重复步骤②所述方法，得到 $j-1$ 层的融合边缘图像 AB_{j-1}。将 AB_{j-1} 与由 AB_j 投影到 $j-1$ 层的投影图像相加，如果相加后图像中的像素值不为 0，则认为这个像素是边缘像素，将这个像素的灰度值置为 255，否则认为该像素为背景像素，将像素灰度值置为 0，这样就得到了 $j-1$ 层的融合边缘图像。再对这个融合边缘图像进行去噪处

理，若某个像素是单一的边缘像素，即它在 3×3 邻域内的相邻像素值均为 0，则认为这个边缘像素是噪声，将这个像素灰度值置为 0，这样就得到了 $j-1$ 层的最佳边缘图像。同样，这个边缘图像也被投影到下一层做相似处理。

④ 重复步骤③，直到第 0 层为止，这时得到了最终理想的边缘图像。

图 4-17 展示了传统基于小波分析的图像分割和本文基于多尺度小波分析的图像分割的效果对比。其中，图 4-17（a）为原图图像，图 4-17（b）是传统的小波边缘检测算法的处理结果，图 4-17（c）是本文提出的多尺度小波边缘检测算法的分割结果。

图 4-18 展示了车站遗留物品视频图像的边缘检测效果。其中图 4-18（a）为原图图像，图 4-18（b）是本文提出的多尺度小波边缘检测算法的分割结果。

（a）原图

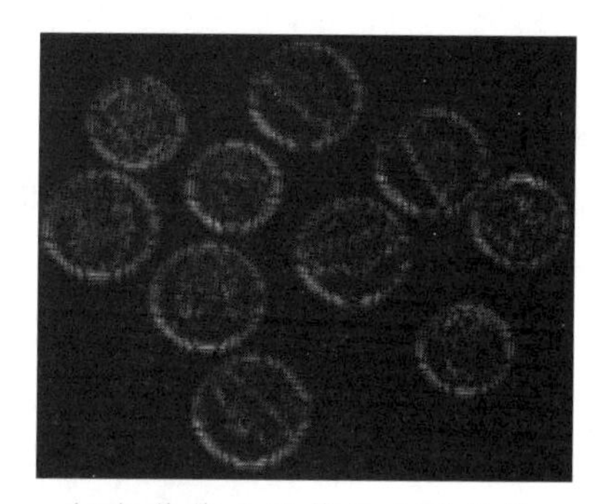

（b）传统小波算法分割结果

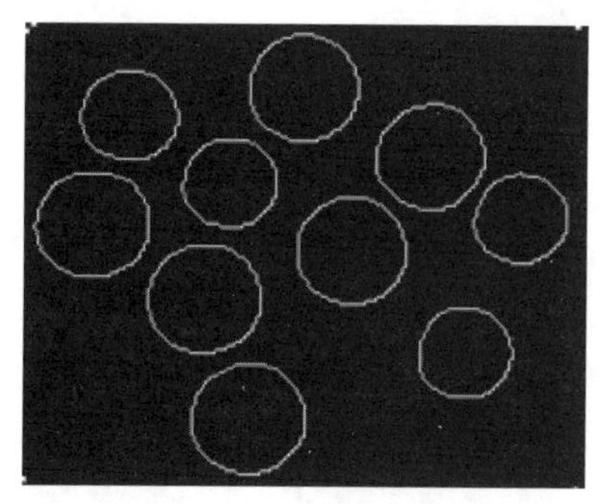

（c）本文的小波分割结果

图 4-17　传统基于小波分析的图像分割和本文基于多尺度小波分析的图像分割效果对比

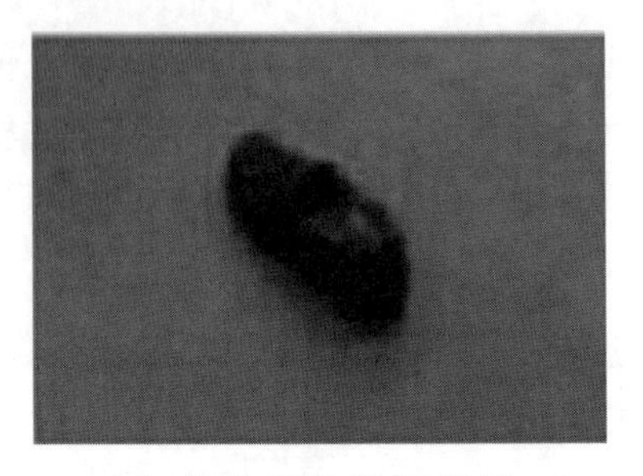

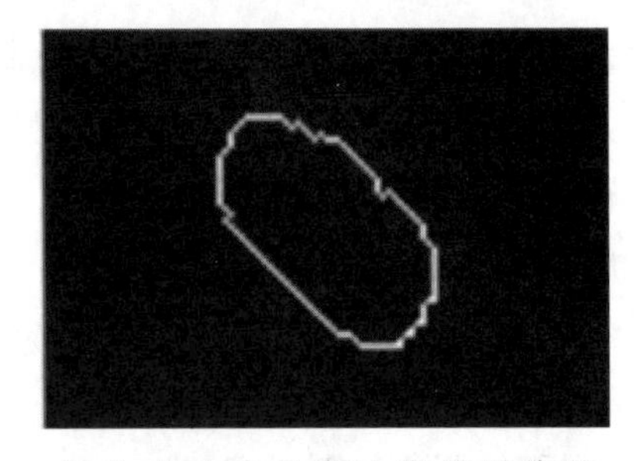

（a）遗留物视频原图　　（b）小波多尺度边缘检测结果

图 4-18　车站遗留物品视频图像的边缘检测效果

通过分割结果比较可以看出，传统小波方法检测出的边缘点，有的相邻点多而杂乱，有的相邻点间距太大，不易于准确定位，边缘连续性差，在微弱边缘点处边缘出现断裂，同时得到边缘点亮度偏暗，很难选取合适的边界跟踪算法形成单像素的完整边缘。使用本文的改进算法进行边缘检测，可有效地抑制噪声及纹理等非边缘信息，效果良好，边缘信息可以被完整、清晰地提取出来，且边缘经多尺度融合后，可以得到定位较准确的光滑的单行像素宽的边缘轮廓。

第 5 章

人群异常行为图像识别技术

【本章引言】

针对人群异常行为图像研究的需求，结合图像识别的常用技术，本章对人群异常行为图像研究的模板匹配、形状识别、人员追踪、骨架提取、深度学习等技术进行了探讨，并对这些技术的应用进行实践和分析。

【内容提要】

5.1 模板匹配技术
5.2 形状识别技术
5.3 骨架提取技术
5.4 机器学习技术
5.5 深度学习技术

5.1 模板匹配技术

模板匹配(Match Template)是数字图像处理的重要组成部分之一。把不同传感器或同一传感器在不同时间、不同成像条件下对同一景物获取的两幅或多幅图像在空间上对准，或根据已知模式到另一幅图中寻找相应模式的处理方法就叫作模板匹配。简单而言，模板就是一幅具有明显特征的已知图像。模板匹配就是借助模板在一幅图像或多幅图像中搜寻目标，来识别图像中是否存在相似或要找的目标内容，通过目标与模板具有相同或类似的尺寸、方向、颜色等特征，以一定的算法在图像中找到目标图像，并确定其坐标位置（石祥滨等，2019）。通过模板匹配技术，我们可以根据人群异常行为的某些特征快速地在客流运输视频图像数据或目标图像库中找到并确定相应的目标人员。

5.1.1 图像模板匹配原理

模板匹配是一种常用的模式识别方法，用来研究某一特定对象物的图案位于图像某个位置，进而识别对象物，这就是一个匹配问题。它是图像处理中最基本、最常用的匹配方法。模板匹配具有自身的局限性，主要表现在它只能进行平行移动，若原图像中的匹配目标发生旋转或大小变化，该算法便无效。简单来说，模板匹配就是在整个图像区域发现与给定子图像匹配的小块区域。

算法思想：将搜索模板 T（$m \times n$ 个像素）叠放在被搜索图 D（$W \times H$ 个像素）上并平移，模板覆盖被搜索图的那块区域叫子图 S_{ij}。i，j 为子图左上角在被搜索图 D 上的坐标。搜索范围如公式（5-1）所示。

$$\begin{cases} 1 \leqslant i \leqslant W-m \\ 1 \leqslant j \leqslant H-n \end{cases} \tag{5-1}$$

通过比较 T 和 S_{ij} 的相似性，完成模板匹配过程。

工作原理：通过在输入图像上滑动图像块对实际的图像块和输入图像进行匹配。即在待检测图像上，从左到右、从上向下计算模板图像与重叠子图像的匹配度，匹配程度越大，两者相同的可能性越大。

算法流程如下：

假设有一张 $W\times H$ 的输入图像，有一张 $m\times n$ 的模板图像，查找过程如下：

① 从输入图像的左上角(0,0)开始，切割一块(0,0)~(m,n)的临时图像；

② 用临时图像和模板图像进行对比，对比结果记为 C；

③ 对比结果 C，就是结果图像(0,0)处的像素值；

④ 切割输入图像(0,1)~$(m,n+1)$作为临时图像，对比，并记录到结果图像；

⑤ 重复①～④步直到输入图像的右下角。

5.1.2　图像模板匹配方法

图像模板匹配方法根据与模板的对比方式不同可以分为平方差匹配、相关性匹配、相关性系数匹配等，其相应的对比匹配方式与方法如下：

1. 平方差匹配

平方差匹配通过计算模板图像与目标图像对应像素的对比平方差来判断二者的相似程度。

假设图像模板为 $T(x',y')$，目标图像为 $I(x,y)$，其平方差匹配关系为 $R(x,y)$，则平方差匹配的计算公式如下：

$$R(x,y)=\sum_{x',y'}[T(x',y')-I(x+x',y+y')]^2 \tag{5-2}$$

有时会进行归一化处理，即采用标准平方差匹配，计算公式如下：

$$R(x,y)=\frac{\sum_{x',y'}[T(x',y')-I(x+x',y+y')]^2}{\sqrt{\sum_{x',y'}T(x',y')^2\cdot\sum_{x',y'}I(x+x',y+y')^2}} \tag{5-3}$$

在平方差匹配方法中，匹配值越大，表示相似度越低，即匹配越差；如果匹配值越小，则相似度越高；匹配值为 0，则匹配效果最好。

2. 相关性匹配

相关性匹配通过图像模板和目标图像间的像素乘法操作来判断二

者的相似程度。

若图像模板为 $T(x',y')$，目标图像为 $I(x,y)$，其平方差匹配关系为 $R(x,y)$，则相关性匹配的计算公式如下：

$$R(x,y)=\sum_{x',y'}[T(x',y')\cdot I(x+x',y+y')] \tag{5-4}$$

同样，若采用归一化处理，则可以采用标准相关性匹配方式，计算公式如下：

$$R(x,y)=\frac{\sum_{x',y'}[T(x',y')\cdot I(x+x',y+y')]}{\sqrt{\sum_{x',y'}T(x',y')^2\cdot\sum_{x',y'}I(x+x',y+y')^2}} \tag{5-5}$$

与平方差匹配不一样，相关性匹配数值越大表明匹配程度越好，若数值为 0，则表示匹配效果是最差的。

3. 相关性系数匹配

相关性系数匹配方法采用的是将图像模板对其均值的相对值与目标图像对其均值的相关值进行匹配性判断。

设图像模板为 $T(x',y')$，目标图像为 $I(x,y)$，其平方差匹配关系为 $R(x,y)$，则相关性系数匹配计算公式如下：

$$R(x,y)=\sum_{x',y'}[T'(x',y')\cdot I'(x+x',y+y')] \tag{5-6}$$

式中

$$T'(x',y')=T(x',y')-\frac{1}{(w\cdot h)\cdot\sum_{x'',y''}T(x'',y'')}$$

$$I'(x+x',y+y')=I(x+x',y+y')-\frac{1}{(w\cdot h)\cdot\sum_{x'',y''}I(x+x'',y+y'')} \tag{5-7}$$

若使用标准相关性系数匹配，计算公式如下：

$$R(x,y)=\frac{\sum_{x',y'}[T'(x',y')\cdot I'(x+x',y+y')]}{\sqrt{\sum_{x',y'}T'(x',y')^2\cdot\sum_{x',y'}I'(x+x',y+y')^2}} \tag{5-8}$$

在相关性系数匹配中，1 表示匹配效果最好，−1 表示匹配效果最差，0 表示没有任何相关性。

5.1.3　图像模板匹配的应用

在人群异常行为图像研究中，我们可以使用模板匹配技术来定位异常行为的图像信息。程序 5-1 展示了通过模板匹配在图像中定位乘客的异常行为。

```
#程序 5-1：图像模板匹配
import cv2
import numpy as np
def image_match_template_demo(image_template,image_target):
    methods = [cv2.TM_SQDIFF_NORMED, cv2.TM_CCORR_ NORMED,
               cv2.TM_CCOEFF_NORMED]
    th, tw = image_template.shape[:2]
    for i in methods:
        print(i)
        result = cv2.matchTemplate(image_target, image_template, i)
        min_val, max_val, min_loc, max_loc = cv2.minMaxLoc (result)
        if i == cv2.TM_SQDIFF_NORMED:
            tl = min_loc
        else:
            tl = max_loc
        br = (tl[0]+tw, tl[1]+th)
        result = cv2.rectangle(image_target, tl, br, (0, 255, 255), 2)
    return result
sample =cv2.imread("sample.png")
target = cv2.imread("target.png")
cv2.imshow("template", sample)
cv2.imshow("target", target)
rst = image_match_template_demo(sample,target)
cv2.imshow("match", rst)
cv2.waitKey(0)
cv2.destroyAllWindows()
```

程序运行效果如图 5-1 所示。

（a）目标图像

（b）匹配图像

图 5-1　图像模板匹配效果

5.2　形状识别技术

在人群异常行为图像研究中，图像形状识别技术有着广泛地应用（高翔，2018），例如地铁站台屏蔽门前黄色境界线的识别、高铁站区域入侵检测中对禁止侵入区域的界限识别等。形状识别技术包括霍夫变换、轮廓提取等技术。其中霍夫变换可以用来检测直线、圆形、椭圆；轮廓提取则可以用于获取目标对象的封闭轮廓曲线，如异常行为人员的姿态轮廓、手势轮廓等。

5.2.1　直线检测

霍夫变换（Hough Transform）是图像处理中识别几何形状的常用方法之一，主要用来从图像中分离出具有某种相同特征的几何形状（如直线、圆形等）。

霍夫变换的原理是将特定图形上的点变换到一组参数空间上，根据参数空间点的累计结果找到一个极大值对应的解，那么这个解就对应着要寻找的几何形状的参数（如果是直线，那么就会得到直线“$y=kx+b$”中的斜率 k 与常数 b；如果是圆形，就会得到圆心与半径等）。

霍夫变换的常见应用是从黑白图像中检测直线（或线段）。检测直线的霍夫变换又叫霍夫线变换。用霍夫线变换之前，需要先对图像进

行边缘检测处理。一般地，霍夫线变换只针对边缘二值图像。因此，使用霍夫直线变换做直线检测的前提条件是：边缘检测已经完成。

对于图像中的一条直线，利用直角坐标系，可以用公式表示为

$$y = kx + b \tag{5-9}$$

程序 5-2 展示了通过霍夫变换进行直线检测。

```
#程序 5-2：直线检测
import cv2
import numpy as np
def image_line_detection(image):
    gray = cv2.cvtColor(image, cv2.COLOR_RGB2GRAY)
    edges = cv2.Canny(gray, 50, 150, apertureSize=3)
    lines = cv2.HoughLines(edges, 1, np.pi/180, 80)
    for line in lines:
        rho, theta = line[0]
        a = np.cos(theta)
        b = np.sin(theta)
        x0 = a * rho
        y0 = b * rho
        x1 = int(x0 + 1000 * (-b))
        y1 = int(y0 + 1000 * a)
        x2 = int(x0 - 1000 * (-b))
        y2 = int(y0 - 1000 * a)
        cv2.line(image, (x1, y1), (x2, y2), (0, 0, 255), 2)
    return image
img = cv2.imread('drop.png')
cv2.imshow('origin', img)
rst = image_line_detection(img)
cv2.imshow('result', rst)
cv2.waitKey(0)
cv2.destroyAllWindows()
```

程序运行效果如图 5-2 所示。

（a）原图

（b）直线检测结果

图 5-2　直线检测效果

5.2.2　圆形检测

霍夫圆变换的基本原理和霍夫线变换原理类似，只是点对应的二维极径、极角空间被三维的圆心和半径空间取代。在标准霍夫圆变换中，原图像的边缘图像的任意点对应的经过这个点的所有可能圆在三维空间用圆心和半径等参数来表示，其对应一条三维空间的曲线。对于多个边缘点，点越多，这些点对应的三维空间曲线交于一点的数量越多，那么他们经过的共同圆上的点就越多，类似的我们也就可以用同样的阈值方法来判断一个圆是否被检测到，这就是标准霍夫圆变换的原理，但也正是在三维空间的计算量大大增加的原因，标准霍夫圆变化很难被应用到实际中。

通常情况下采用霍夫梯度法。霍夫梯度法是一种比标准霍夫圆变换更为灵活的圆形检测方法。该方法运算量相对于标准霍夫圆变换大大减少。其检测原理是依据圆心一定是在圆上的每个点的模向量（模向量即是圆上点的切线的垂直线）上，这些圆上点的模向量的交点就是圆心。

霍夫梯度法的第一步就是找到这些圆心，这样三维的累加平面就又转化为二维累加平面；第二步是根据所有候选中心的边缘非 0 像素对其的支持程度来确定半径。

霍夫圆检测可以用来对轨道交通客流运输中的圆形物件（如地铁车票）进行检测，程序 5-3 展示了通过霍夫变换对地铁车票进行圆形检测的结果。

```
#程序 5-3：圆形检测
import cv2
import numpy as np
def image_circle_detect(image):
    dst = cv2.pyrMeanShiftFiltering(image, 10, 100)
    cimage = cv2.cvtColor(dst, cv2.COLOR_RGB2GRAY)
    circles = cv2.HoughCircles(cimage, cv2.HOUGH_GRADIENT, 1, 20,
                 param1=50, param2=30, minRadius=0, maxRadius=0)
    circles = np.uint16(np.around(circles))
    for i in circles[0, : ]:
        cv2.circle(image, (i[0], i[1]), i[2], (0, 0, 255), 2)
        cv2.circle(image, (i[0], i[1]), 2, (0, 0, 255), 2)
    return image
img = cv2.imread('ticket9.png')
cv2.imshow('origin', img)
rst = image_circle_detect(img)
cv2.imshow("result", rst)
cv2.waitKey(0)
cv2.destroyAllWindows()
```

程序运行效果如图 5-3 所示。

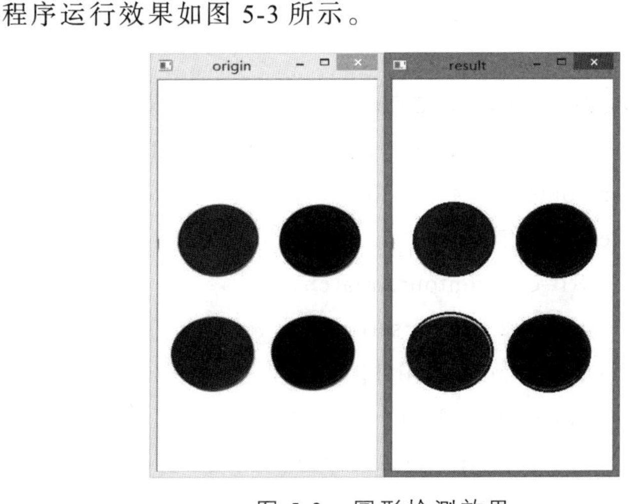

图 5-3　圆形检测效果

5.2.3 椭圆检测

椭圆有 5 个自由参数，所以它的参数空间是 5 维的。

（1）利用高斯滤波做预处理。应根据实际需要做预处理，预处理后的图像作为输入。

（2）边界检测部分用到了自适应 Canny 检测。

（3）将边界分为凹弧和凸弧，根据输入参数筛选弧段。

（4）利用弧段来估计椭圆参数，交叉验算得出椭圆中心点，计算出椭圆得分。

（5）利用圆心、长短轴和旋转角度聚类。

程序 5-4 展示了一种椭圆检测方法。

```
#程序 5-4：椭圆检测
import cv2
import numpy as np
import math
def image_ellipse_detect(image):
    #image=cv2.blur(image,(1,1))#cv2.imshow("0",imgray)
    image_gray=cv2.Canny(image,600,100,3)
    ret,thresh = cv2.threshold(image_gray,127,255,cv2. THRESH_
BINARY)
    contours, hierarchy = cv2.findContours(thresh,cv2.RETR_ TREE,
                              cv2.CHAIN_APPROX_SIMPLE)
    for cnt in contours:
        if len(cnt)>50:
            S1=cv2.contourArea(cnt)
            ell=cv2.fitEllipse(cnt)
            S2 =math.pi*ell[1][0]*ell[1][1]
            if (S1/S2)>0.26 :
                result = cv2.ellipse(image, ell, (0, 255, 0), 2)
    return result
```

```
img = cv2.imread("clock.png",3)
cv2.imshow("origin",img)
rst = image_ellipse_detect(img)
cv2.imshow("result",rst)
cv2.waitKey(0)
cv2.destroyAllWindows()
```

程序运行效果如图 5-4 所示。

（a）原图

（b）椭圆检测结果

图 5-4　椭圆检测效果

5.2.4　轮廓提取

轮廓提取是基于图像边缘提取的基础寻找对象轮廓的方法，所以轮廓边缘提取的阈值选定会影响最终轮廓发现结果。

程序 5-5 展示了一种轮廓提取检测方法。

```
#程序 5-5：轮廓检测
import cv2
import numpy as np
def image_contours_detect(image):
    dst = cv2.GaussianBlur(image, (3, 3), 0) #高斯模糊去噪
    gray = cv2.cvtColor(dst, cv2.COLOR_RGB2GRAY)
    ret, binary = cv2.threshold(gray, 0, 255,
                    cv2.THRESH_BINARY | cv2.THRESH_OTSU)
```

```
    cv2.imshow("binary", binary)
    contours, heriachy = cv2.findContours(binary, cv2.RETR_EXTERNAL,
                                          cv2.CHAIN_APPROX_SIMPLE)
    for i, contour in enumerate(contours):
        cv2.drawContours(image, contours, i, (0, 0, 255), 2)
        print(i)
    return image
img = cv2.imread('p9.png')
cv2.imshow('origin', img)
rst = image_contours_detect(img)
cv2.imshow("result", rst)
cv2.waitKey(0)
cv2.destroyAllWindows()
```

程序运行效果如图 5-5 所示。

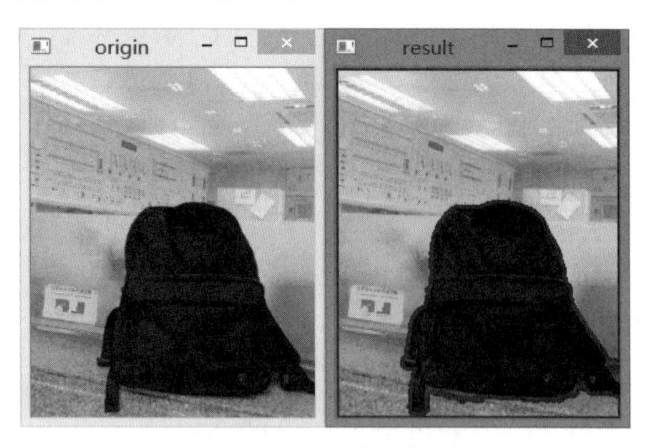

图 5-5　轮廓检测效果

5.3　骨架提取技术

骨架提取，也被称为二值图像细化。这种技术采用形态学的算法将一个连通区域细化成一个像素的宽度，用于特征提取和目标拓扑表示。图像骨架提取，实际上就是提取目标在图像上的中心像素轮廓，

即以目标中心为准，对目标进行细化。在人群异常行为图像研究中，可以利用骨架提取技术获取异常行为人员的行为、姿势等图像的骨架，通过骨架分析来判断和识别该人员的异常行为属于何种异常类型（杨洪臣等，2018；兰玉文等，2013）。

5.3.1　骨架提取技术

骨架是描述图像的集合形状及其拓扑性质的重要特征之一。抽取图像骨架的目的是为了表达目标的形状结构，它有助于突出目标的形状特点和减少冗余的信息量。因此，骨架抽取在人群异常行为图像研究中有着重要的应用。

骨架抽取算法从形态学的角度定义如下：假设目标图像 A 的骨架为 $S(A)$，$S_n(A)$为骨架子集，则图像 A 的骨架可以用腐蚀和开运算得到，即

$$\begin{cases} S(A) = \bigcup_{n=0}^{n} S_n(A) \\ S_n(A) = (A \ominus B) - (A \ominus nB)^{\circ} B \end{cases} \tag{5-10}$$

式中，B 为适当的结构元素，$A \ominus nB$ 表示对 A 连续腐蚀 n 次。N 为 A 被腐蚀为空集前的最后一次迭代：

$$N = \max\{A \ominus nB \neq \varnothing\} \tag{5-11}$$

图像 A 可以由连续 n 次用 B 对 $S_n(A)$膨胀得到。也就是说，已知一幅图像的骨架图像，可以利用形态学变换的方法重建原始图像，这实际上是求骨架的逆运算过程。图像 A 用骨架子集 $S_n(A)$重构可以写成

$$A = \bigcup_{n=0}^{N} (S_n(A) \oplus nB) \tag{5-12}$$

式中，B 为结构元素，$S_n(A) \oplus nB$ 表示 B 对 $S_n(A)$连续 n 次膨胀。

5.3.2　骨架提取方法

骨架提取可以把一个平面区域简化成图，因此它是一种重要的结

构形状表示法。骨架提取可以采用形态学的细化方法实现，事实上，利用细化技术来得到区域的骨架是常用的方法。所谓细化就是经过一层层的剥离，从原来的图中去掉一些点，但仍要保持原来的形状，直到得到图像的骨架。一个物体的骨架可以理解为物体的中轴，例如一个长方形的骨架是它的长方向上的中轴线，正方形的骨架是它的中心点，圆的骨架是它的圆心，直线的骨架是它自身，孤立点的骨架也是自身，这种方式提取骨架被称为中轴变换。

中轴变换（Medial Axis Transform，MAT）是一种用来确定物体骨架的细化技术。其算法思想如下：具有边界 B 的区域 R 的 MAT 是如下确定的。对每个 R 中的点 P，我们在 B 中搜寻与它最近的点。如果对 P 能找到多于一个这样的点（即有 2 个或以上的 B 中的点与 P 同时最近），就可认为 P 属于 R 的中线或骨架，或者说 P 是 1 个骨架点。

理论上讲，每个骨架点保持了其与边界距离最小的性质，所以如果用以每个骨架点为中心的圆的集合（利用适当的量度），就可以恢复出原始的区域来。具体就是以每个骨架点为圆心，以前述最小距离为半径作圆周。它们的包络就构成了区域的边界，填充圆周就得到区域。或者以每个骨架点为圆心，以所有小于和等于最小距离的长度为半径作圆，这些圆的并集就覆盖了整个区域。

一般细化后的目标骨架都是单层像素宽度。得到了这些骨架，就相当于突出物体的主要结构和形状信息，去除了多余信息，根据这些信息可以实现图像上特征点的检测，如端点、交叉点和拐点等。这为后续的判断、分析和识别提供更多有用的特征信息和数据。

5.3.3 骨架提取的应用

在人群异常行为图像研究中，骨架提取常常被用于提取异常行为人员的形态和姿态的骨架图形，并以此来判断和识别该人员的异常行为类别。以下的程序实现了对目标人员的姿态图像骨架的提取。

程序 5-6 展示了骨架提取的应用。

```
#程序 5-6：骨架提取
from skimage import morphology,io,filters
import matplotlib.pyplot as plt
```

```
img=io.imread('hand2.png',as_gray=True)
#otsu 法计算阈值
thresh = filters.threshold_otsu(img)
#根据阈值进行分割
image =(img <= thresh)*1.0
#实施骨架算法
skeleton =morphology.skeletonize(image)
#显示结果
plt.rcParams['font.sans-serif'] = ['SimHei']
plt.rcParams['axes.unicode_minus'] = False
fig, (ax1, ax2) = plt.subplots(nrows=1, ncols=2, figsize=(8, 4))
ax1.imshow(img, cmap=plt.cm.gray)
ax1.axis('off')
ax1.set_title('原图', fontsize=20)
ax2.imshow(skeleton, cmap=plt.cm.gray)
ax2.axis('off')
ax2.set_title('骨架', fontsize=20)
fig.tight_layout()
plt.show()
```

程序运行效果如图 5-6 所示。

（a）目标图像

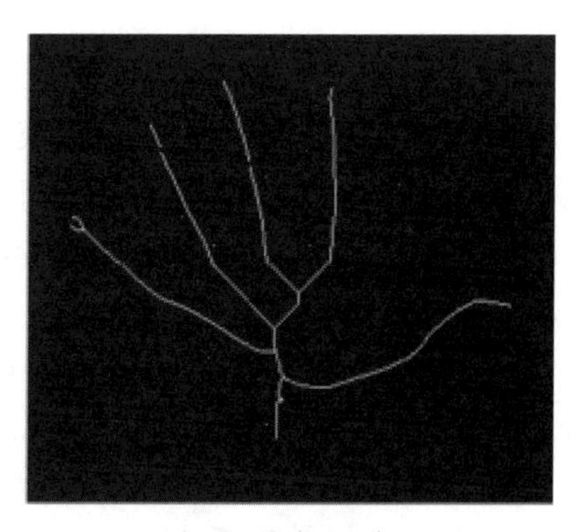

（b）骨架图像

图 5-6　骨架提取效果

5.4 机器学习技术

5.4.1 机器学习技术

机器学习（Machine Learning）是指用一定的训练过程使机器通过自身学习完成一定功能或任务的技术。它是一门跨学科的技术，包含了计算机、电子学、概率论、统计学等学科内容，应用在人工智能、智能视频、图像分析等多个领域。机器学习始于19世纪60年代，80年代后开始发展迅速。随着计算机软硬件的提升、分布式技术的应用和CPU运算速度的不断提高，机器学习技术开始进入我们的日常生活，并不断得到发展。目前机器学习已被应用于无人驾驶、人脸识别、图片分析、金融汇率预测、股票涨跌、房价预测等方面，成为我们生活中必不可少的组成元素。在轨道交通行业中，机器学习被应用于列车的自动驾驶系统、列车设备检修、视频监控图像识别等方面（冷勇林，2013；章华燕，2015；王龙，2012），成为当前轨道交通运输图像数据分析的一个研究热点。从使用方式来看，机器学习过程实际上是一种通过一定的数据集训练出模型，然后使用该模型进行预测分析的一种方法。在人群异常行为图像研究中，机器学习可以分为监督学习、非监督学习、强化学习等三种学习模式。

1. 监督学习模式

监督学习是指通过已有的训练样本（即已知数据以及其对应的输出）来训练，从而得到一个最优模型，再利用这个模型将所有新的数据样本映射为相应的输出结果，对输出结果进行简单的判断从而实现分类，使机器具有了对未知数据进行分类的能力。监督学习的特点是训练样本数据集拥有既定的结果，即训练的数据集已经有了某种特定的结论或属性。常用的监督学习有最小二乘法、KNN算法、决策树算法、贝叶斯方法、支持向量机SVM等。

2. 非监督学习模式

与监督学习不同，非监督学习在使用样本数据训练时不会给定目

标值。即在非监督学习中，提供的数据集没有答案，机器需要靠自己摸索去分析这些数据之间存在的差异，找出这些差异的内在特性及规律。在非监督学习中，提供的数据集和监督学习中给定的训练样本数据是不一样的，我们基本上不知道结果会是什么样子。常用的非监督学习有 K-means 聚类算法、PCA 方法、SVD 矩阵分解法等。

3. 强化学习模式

强化学习（又称为增强学习）是机器（智能体）以试错方式进行学习，通过与环境进行交互获得的奖励指导行为，目标是使智能体获得最大的奖励。强化学习的特点主要表现在强化信号上，强化学习中由环境提供的强化信号是对机器产生动作的好坏做出的一种评价，而不是告诉机器如何去产生正确的动作，机器必须靠自身历练进行学习。通过这种方式，机器在“行动-评价”环境中获得知识，改进行动方案以适应环境。强化学习是近年来机器学习的热点和智能控制领域的主要方法之一。它是机器学习中一个非常活跃且有趣的领域，相比其他学习方法，强化学习更接近生物学习的本质，因此有望获得更高的智能。强化学习关注的是机器如何在环境中采取一系列行为，从而获得最大的累积回报。通过强化学习，一个智能机器应该知道在什么状态下应该采取什么行为。目前常用的强化学习有 Q-Learning 算法、基于策略的算法等。

在人群异常行为图像研究中，目前用到机器学习多数还是监督学习和无监督学习。但是强化学习是未来的发展方向，其能够学习到的能力是没有数据限制的。

5.4.2　基于机器学习的人脸识别

人脸识别属于计算机视觉的范畴。目前的人脸识别方法主要有基于知识的方法和基于统计的方法两类。其中，基于知识的方法是指主要利用先验知识将人脸看作器官特征的组合，根据眼睛、眉毛、嘴巴、鼻子等器官的特征以及相互之间的几何位置关系来检测人脸，如模板匹配、人脸特征、形状与边缘、纹理特性、颜色特征等方法；而基于统计的方法是将人脸看作一个整体（即二维图像像素矩阵），从统计的观点通过大量人脸图像样本构造人脸模式空间，根据相似度量来判断人脸是否存在，如主成分分析与特征脸、神经网络方法、支持向量机、隐马尔可夫模型、Adaboost 算法等。

这里我们使用一种基于 Haar 级联分类器的机器学习技术来实现对人脸的识别。Haar 分类器是指一种对人脸和非人脸进行分类的算法。事实上它是 Boosting 算法的一个应用，Haar 分类器用到了 Boosting 算法中的 AdaBoost 算法，只是把 AdaBoost 算法训练出的强分类器进行了级联，并且在底层的特征提取中采用了高效率的矩形特征和积分图方法。

Haar 级联分类器算法如下：

① 使用 Haar-like 特征做检测；

② 使用积分图对 Haar-like 特征求值进行加速；

③ 使用 AdaBoost 算法训练区分人脸和非人脸的强分类器；

④ 使用筛选式级联把强分类器级联到一起，提高准确率。

在 OpenCV 中为我们提供了一系列 Haar 级联分类器，用于人脸、眼睛、鼻子以及嘴部的检测和识别，这些 Haar 级联分类器可以用于图像、视频以及监控摄像头所获取的人脸图像的识别。

在人群异常行为图像研究中，我们可以使用这些 Haar 级联分类器快速地对人脸图像进行识别和标示。

1. 基于视频图片的人脸检测

对于监控视频截取的视频图像，我们可以使用 Haar 人脸级联分类器实现对人脸的检测。首先加载目标图像，然后创建 Haar 级联分类器，对图像中的人群脸部进行扫描检测，最后将识别的人脸用矩形标示出来。程序 5-7 展示了基于 Haar 级联分类器对视频图片的人脸检测效果。

```
#程序 5-7：基于视频图片的人脸检测
import cv2 as cv
def image_face_detect():
    gray = cv.cvtColor(src, cv.COLOR_BGR2GRAY)
    face_detector = cv.CascadeClassifier("haarcascade_frontalface_alt_
tree.xml")
    faces = face_detector.detectMultiScale(gray, 1.02, 5)
```

```
    for x, y, w, h in faces:
        cv.rectangle(src, (x, y), (x+w, y+h), (0, 0, 255), 2)
    cv.imshow("结果", src)
src = cv.imread(filename)
cv.imshow("原来", src)
image_face_detect()
cv.waitKey(0)
cv.destroyAllWindows()
```

程序运行效果如图 5-7 所示。

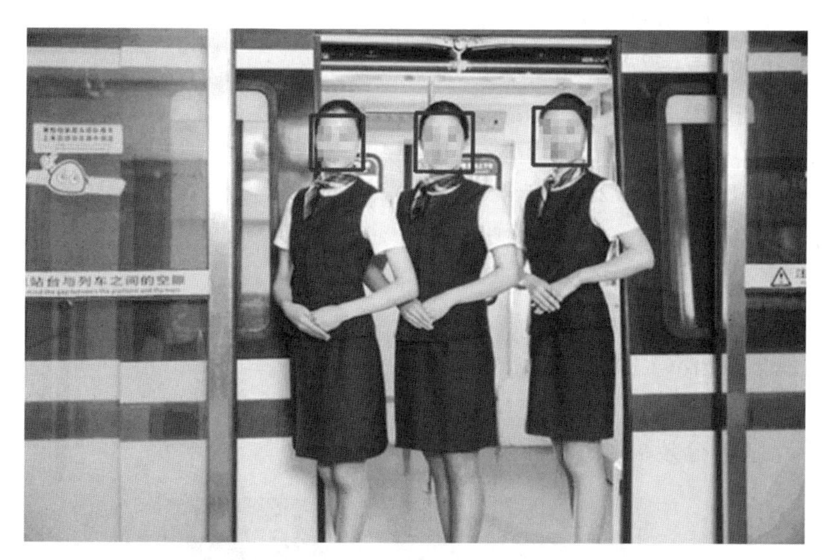

图 5-7　基于视频图片的人脸检测效果

2. 基于监控视频的人脸检测

与上述单幅图像的人脸识别检测相似，基于监控视频的人脸识别可以针对从监控摄像头中获取的视频数据的每一帧图像，采用 Haar 人脸级联分类器进行检测识别。算法流程如下：首先加载摄像头，然后读取视频数据，将其存为帧图像，启动人脸识别，创建 Haar 级联分类器，对图像中的人脸进行扫描检测，最后将识别的人脸用矩形标示出来。程序 5-8 展示了基于 Haar 人脸级联分类器对摄像头实时监控画面的人脸跟踪识别效果。

```
#程序 5-8：基于监控视频的人脸检测
import cv2
def video_face_detect(image):
    gray = cv2.cvtColor(image, cv2.COLOR_BGR2GRAY)
    face_detector = cv2.CascadeClassifier("haarcascade_frontalface_alt_tree.xml")
    faces = face_detector.detectMultiScale(gray, 1.02, 5)
    for x, y, w, h in faces:
        cv2.rectangle(image, (x, y), (x+w, y+h), (0, 0, 255), 2)
    cv2.imshow("结果", image)
capture = cv2.VideoCapture(0)
while(True):
        ret, frame = capture.read()
        frame = cv2.flip(frame, 1)
        video_face_detect (frame)
        if cv2.waitKey(10) & 0xFF == ord('q'):
                break
cv2.destroyAllWindows()
```

程序运行效果如图 5-8 所示。

图 5-8　基于监控视频的人脸检测结果

5.5　深度学习技术

5.5.1　深度学习技术介绍

深度学习的概念源于人工神经网络的研究。含多隐层的多层感知器就是一种深度学习结构。深度学习通过组合低层特征形成更加抽象的高层表示属性类别或特征，以发现数据的分布式特征表示。

深度学习的概念由 Hinton 等人于 2006 年提出。基于深度置信网络(DBN)提出非监督贪心逐层训练算法,为解决深层结构相关的优化难题带来解决方案，随后还提出多层自动编码器深层结构。此外 Lecun 等人提出的卷积神经网络是第一个真正多层结构学习算法，它利用空间相对关系减少参数数目以提高训练性能。

深度学习是机器学习中一种基于对数据进行表征学习的方法。观测值（例如一幅图像）可以使用多种方式来表示，如每个像素强度值的向量，或者更抽象地表示成一系列边、特定形状的区域等。而使用某些特定的表示方法更容易从实例中学习任务（例如，人脸识别或面部表情识别）。深度学习的好处是用非监督式或半监督式的特征学习和分层特征提取高效算法来替代手工获取特征。

深度学习是机器学习研究中的一个新的领域，其动机在于建立、模拟人脑进行分析学习的神经网络，它模仿人脑的机制来解释数据，例如图像，声音和文本。

同机器学习方法一样，深度机器学习方法也有监督学习与无监督学习之分。不同的学习框架下建立的学习模型很是不同。例如，卷积神经网络就是一种深度的监督学习下的机器学习模型，而深度置信网络就是一种无监督学习下的机器学习模型。

5.5.2　深度学习框架

深度学习研究的热潮持续高涨，各种开源深度学习框架也层出不穷，其中包括 Theano、CNTK、TensorFlow、Keras、Caffe、Torch7、MXNet、Leaf、DeepLearning4、Lasagne、Neon 等。以下介绍 Theano、CNTK、TensorFlow、Keras、Caffe 等几种主流的深度学习框架。

1. Theano

Theano 是最早的深度学习框架，它用符号计算图来描述模型，是一种遵循 BSD 协议的开源框架。目前许多深度学习框架都派生于或借鉴了 Theano 的设计，如 Tensorflow、Keras 等。Theano 擅长处理多维数组，属于比较底层的框架，Theano 是为了深度学习中大规模人工神经网络算法的运算所设计的框架，采用符号化式语言定义和计算，适合学术研究使用。它支持 CPU 和 GPU，并可以高效运行。

2. CNTK

CNTK 是微软公司推出的一款深度学习开源框架，采用 C++设计，在速度和可用性上较好。目前已经发展成一个通用的、平台独立的深度学习系统。微软产品如 Skype、Xbox 等都采用 CNTK 作为其人工智能引擎框架。CNTK 有一套极度优化的运行系统来训练和测试神经网络，它是以抽象的计算图形式构建的。CNTK 支持 CPU 和 GPU 模型。CNTK 支持两种方式来定义网络：一种是通过设置少量参数，就能生成一个标准神经网络；另一种是使用网络定义语言(NDL)。CNTK 支持 CNN、RNN 等流行的网络结构，支持 CPU 和 GPU 模式，提供了 C++、C#、Python 的接口。CNTK 的特点是通过细粒度的构件块让用户不需要使用低层次的语言就能创建新的、复杂的层类型。

3. Caffe

Caffe 是一个清晰而高效的深度学习开源框架，核心语言采用 C++，支持 Python 和 MATLAB，支持在 CPU 和 GPU 上运行。它可以应用在视觉、语音识别、机器人、神经科学和天文学领域。在 Tensorflow 出现之前一直是深度学习领域应用较多的框架。它具有出色的卷积神经网络实现，在计算机视觉领域依然是最流行的工具包之一，但是对递归网络和语言建模的支持较差。其优势在于：① 上手容易，网络结构都是以配置文件形式定义，不需要用代码设计网络；② 训练速度快，组件模块化，可以方便地拓展到新的模型和学习任务上。由于 Caffe 最初设计时只考虑针对图像，没有考虑文本、语音或者时间序列的数据，因此 Caffe 虽然对卷积神经网络 CNN 的支持非常好，但是对于时间序列 RNN，LSTM 等支持不是特别充分。

4. Tensorflow

Tensorflow 是 Google 研发的一款人工智能深度学习开源框架，其命名来源于本身的运行原理(即张量 Tensor 和数据流图 Flow 的组合)。Tensor（张量）表示 N 维数组，Flow（数据流图）基于数据流图的计算，Tensorflow 表示了张量从图像的一端流动到另一端的计算过程。Tensorflow 是将复杂的数据结构传输至人工智能神经网中进行分析和处理过程的系统。Tensorflow 表达了高层次的机器学习计算，可被用于语音识别或图像识别等多项机器深度学习领域。TensorFlows 在早期深度学习基础架构上进行了改进，支持 CPU 和 GPU，可在小到一部智能手机，大到数千台数据中心服务器的各种设备上运行。

5. Keras

Keras是由Python编写而成的一款深度学习框架,它基于Tensorflow、Theano 以及 CNTK 后端，相当于 Tensorflow、Theano、CNTK 的上层接口，具有高度模块化、操作简单、环境配置容易、可扩充特性等优点,简化了深度学习神经网络构建代码编写的难度。目前封装有 CNN、RNN、LSTM 等算法。

Keras 是一个基于简约、高度模块化的神经网络库，是 Theano 和 TensorFlow 的一个深度学习框架，其设计参考了 Torch、CNTK，支持 GPU 和 CPU，其特点为：① 使用简单，能够快速实现原理；② 支持卷积网络和递归网络，以及两者的组合；③ 无缝运行在 CPU 和 GPU 上；④ 支持任意连接方式，包括多输入多输出训练。

5.5.3　基于深度学习的图像识别

深度学习技术是一种图像识别与分析的热点技术。其典型应用有利用 kaggle 比赛中的数据集对模型进行训练、优化，再利用优化后的模型对未曾见过的猫狗图片进行图像识别二分类。事实上，深度学习处理除了可以应用于图像分类外，还可以应用于图像变换、图像增强、身份识别、人脸特征分析等方面（袁功霖，2019；陈南真，2018；蒋方玲等，2019）。

1. 基于 Tensorflow 的图像处理

以下介绍 Tensorflow 深度学习框架在人群异常行为图像处理方面的

应用。程序 5-9 使用 Tensorflow 深度学习框架实现了对图像亮度的调整。

```
#程序 5-9：基于 Tensorflow 的图像处理
def cv2Show(name="", image=None):
    np = image.eval()
    row, col = len(np),len(np[1])
    for i in range(row):
        for j in range(col):
            tmp = np[i][j][0]
            np[i][j][0] = np[i][j][2]
            np[i][j][2] = tmp
    cv2.imshow(name,np)
    pass
with tf.Session() as sess:
    image_raw_data = tf.gfile.FastGFile(filename, "rb").read()
    image_data = tf.image.decode_jpeg(image_raw_data)
    cv2Show("origin",image_data)
    result = tf.image.adjust_brightness(image_data, 0.5)
    cv2Show("result", result)
    cv2.waitKey(0)
    cv2.destroyAllWindows()
```

程序运行效果如图 5-9 所示。

（a）原图

（b）结果

图 5-9　基于 Tensorflow 的图像处理结果

2. 基于深度学习的人脸识别

以下介绍基于深度学习的 face_recognition 开发工具包在人群异常行为图像人脸特征方面的应用。程序 5-10 使用深度学习实现对人脸嘴唇的识别。

```
#程序 5-10：基于深度学习的嘴唇识别
import face_recognition
from PIL import Image, ImageDraw
image = face_recognition.load_image_file(filename)
face_landmarks_list = face_recognition.face_landmarks(image)
print(face_landmarks_list)
for face_landmarks in face_landmarks_list:
    pil_image = Image.fromarray(image)
    d = ImageDraw.Draw(pil_image, 'RGBA')
    d.polygon(face_landmarks['top_lip'], fill=(150, 0, 0, 128))
    d.polygon(face_landmarks['bottom_lip'], fill=(150, 0, 0, 128))
    d.line(face_landmarks['top_lip'], fill=(150, 0, 0, 64), width=3)
    d.line(face_landmarks['bottom_lip'], fill=(150, 0, 0, 64), width=3)
    pil_image.show()
    pil_image.save("quick3.jpg")
```

程序运行效果如图 5-10 所示。

（a）原图

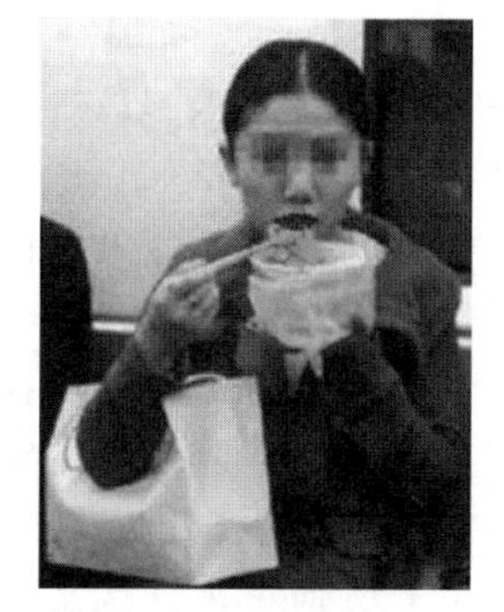

（b）识别结果

图 5-10　基于深度学习的嘴唇识别结果

参考文献

[1] 赵娟. 我国城市轨道交通突发事件分析及对策[J]. 价值工程, 2016, 34(30): 193-194.

[2] 李莹, 苏也惠. 地铁换乘过程人流避免拥堵路径规划仿真[J]. 计算机仿真, 2018, 35(6): 146-150.

[3] 颜雯钰, 王静虹, 徐寒, 等. 基于实测数据的南京地铁换乘楼梯流量系统动力学分析[J]. 安全与环境学报, 2017, 17(2): 630-635.

[4] 朱小锋. 基于全局运动特征的地铁乘客异常行为检测[J]. 通信电源技术, 2017, 34(6): 157-160.

[5] 桑海峰, 陈禹, 何大阔. 基于整体特征的人群聚集和奔跑行为检测[J]. 光电子・激光, 2016, 27(1): 52-60.

[6] 郭强, 刘全利, 王伟. Fast SqueezeNet 算法及在地铁人群密度估计上的应用[J]. 控制理论与应用, 2019, 36(4): 1-11.

[7] 刘超, 费树岷. 基于轨迹坐标的异常行为检测[J]. 工业控制计算机, 2017, 30(5): 94-95.

[8] 张起贵, 张妮. 基于地铁复杂场景下异常行为的视频分析研究[J]. 电视技术, 2014, 38(3): 163-166.

[9] 李国生. "火眼"可视图像早期报警系统在地铁中的应用[J]. 消防科学与技术, 2018, 36(2): 222-224.

[10] 薛八阳, 杨忠, 钟山, 等. 基于目标跟踪的区域入侵检测方法研究[J]. 电子测量技术, 2015, 38(2): 51-54.

[11] 李鹍, 吴宁, 宋明, 等. 基于级联滤波器深度学习的铁路安检人脸识别与验证研究[J]. 铁路计算机应用, 2018, 27(6): 17-20.

[12] 王欣宇. 视频监控中特定区域入侵检测算法设计与实现[J]. 计算机技术与发展, 2014, 24(10): 159-162.

[13] 叶立仁, 何盛鸿, 赵连超. 复杂环境下的遗留物检测算法[J]. 计算机工程与科学, 2015, 37(5): 986-992.

[14] Porikli F. Detection of temporarily static regions by processing

video at different frame rates[C]. Proc of Advanced Video and Signal Based Surveillance, 2007; 236-241.

[15] Lv F, Song X, Wu B, et al. Lelt luggage detection using Bayesian inference[C]. Proc oI the 9th IEEE International Workshop on PETS, 2006; 83-90.

[16] Spagnolo P, Caroppo A, Leo M, et al. An abandoned/removed objects detection algorithm and its evaluation on PETS datasets[C]. Proc of Video and Signal Based Surveillance, 2006: 17.

[17] 谭筠梅, 王履, 程雷涛, 等. 城市轨道交通智能视频分析关键技术综述[J]. 计算机工程与应用, 2014, 50(4): 1-6.

[18] 陈林. 基于视频监控的人脸检测与跟踪算法研究与应用[D]. 杭州: 浙江工业大学, 2017.

[19] 谬丽姬. 基于颜色块上下身区域的监控视频人物分类研究[D]. 南京: 南京大学, 2015.

[20] 亓骏唯. 遗留物品的自动视频检测和识别[D]. 天津: 天津工业大学, 2015.

[21] 张便利, 常胜江, 李江卫, 等. 基于彩色直方图分析的智能视频监控系统[J]. 物理学报, 2006, 55(12): 6399-6404.

[22] 赵仁凤. 视频监控中人体异常行为识别[J]. 宿州学院学报, 2018, 33(11): 111-115.

[23] 王浩, 张叶, 沈宏海, 等. 图像增强算法综述[J]. 中国光学, 2017, 10(4): 438-448.

[24] 丁畅, 董丽丽, 许文海. "直方图"均衡化图像增强技术研究综述[J]. 计算机工程与应用, 2017, 53(23): 12-17.

[25] 刘方园, 王水花, 张煜东. 方向梯度直方图综述[J]. 计算机工程与应用, 2017, 53(19): 1-7.

[26] 梁琳, 何卫平, 雷蕾, 等. 光照不均图像增强方法综述[J]. 计算机应用研究, 2010, 27(5): 1625-1628.

[27] 安静, 张贵仓, 刘燕妮. 基于多尺度 top-hat 变换的自适应彩色图像增强[J]. 计算机工程与科学, 2017, 39(7): 1317-1321.

[28] 万丽, 陈普春等. 一种基于数学形态学的图像对比度增强算法[J]. 现代电子技术, 2009, (13): 131-133.

[29] Vincent L, Soille P. Watersheds in Digital Spaces: An Efficient Algorithm Based on Immersion Simulations. IEEE Transaction on

Pattern Analysis and Machine Intelligence, 1991, 13(6): 583-598.
[30] Grau V, Mewes A, Alcaniz M. Improved Watershed Transform for Medical Image Segmentation Using Prior Information. IEEE Transaction onMedical Imaging, 2004, 23(4): 447-458.
[31] Chen S Y, Huang Y W, Chen L G. Predictive Watershed: A Fast Watershed Algorithm for Video Segmentation. IEEE Transaction on Circuits and Systems for VideoTechnology, 2003, 13(5): 453-461.
[32] 田丽华. 基于聚类分析的遥感图像分割方法[D]. 长春: 吉林大学, 2018.
[33] 黎宾. 基于聚类分析方法的 CCD 测量原井下煤仓煤位改进测量模型研究[J]. 中国矿业, 2018, 27(4): 163-166.
[34] 李灏, 王宏涛, 董晴晴. 管道缺陷自动检测与分类[J]. 图学学报, 2017, 38(6): 851-856.
[35] 石祥滨, 周金成, 刘翠微. 基于动作模板匹配的弱监督动作定位[J]. 计算机应用, 2019, (4): 1-8.
[36] 高翔. 视频监控中行人异常行为分析研究[D]. 成都: 电子科技大学, 2018.
[37] 杨洪臣, 刘松, 陈虹宇, 等. 一种基于骨架算法的人体动态特征曲线提取算法[J]. 中国刑警学院学报, 2018, (6): 120-122.
[38] 兰玉文, 李跃威, 喻松春, 等. 基于监控视频的人体动态特征应用识别技术研究[J]. 警察技术, 2013(6): 11-16.
[39] 冷勇林. 基于专家经验和机器学习的列车智能驾驶算法研究[D]. 北京: 北京交通大学, 2013.
[40] 章华燕. 钢轨擦伤检测算法研究[D]. 北京: 北京交通大学, 2015.
[41] 王龙. 基于视频分析的客流检测子系统的设计与实现[D]. 北京: 北京交通大学, 2012.
[42] 蒋方玲, 刘鹏程, 周祥东. 人脸活体检测综述[J]. 自动化学报, 2019, (4): 1-10.
[43] 陈南真. 复杂场景低分辨率人脸识别及其在身份识别系统的应用[D]. 成都: 电子科技大学, 2018.
[44] 袁功霖, 侯静, 尹奎英. 基于迁移学习与图像增强的夜间航拍车辆识别方法[J]. 计算机辅助设计与图形学学报, 2019, 31(3): 467-473.